FORSCHUNGSBERICHTE
DES WIRTSCHAFTS- UND VERKEHRSMINISTERIUMS
NORDRHEIN-WESTFALEN

Herausgegeben von Staatssekretär Prof. Leo Brandt

Nr. 152

Dipl.-Ing. G. Müller

Ermittlung der Laufeigenschaften (Vergießbarkeit) von Bronze und Rotguß mittels der Schneider-Gießspirale

aus dem
Gießerei-Institut der Rhein.-Westf. Techn. Hochschule Aachen

Als Manuskript gedruckt

WESTDEUTSCHER VERLAG / KÖLN UND OPLADEN

1955

ISBN 978-3-663-03635-7 ISBN 978-3-663-04824-4 (eBook)
DOI 10.1007/978-3-663-04824-4

Gliederung

I. Einleitung: Fließbarkeit (Vergießbarkeit) von Metallen und Legierungen

Die Fließbarkeit einer Schmelze ist ihre Fähigkeit, in eine Gießform einzufließen und sie vollständig auszufüllen, so daß nach der Erstarrung die Konturen des Gußstücks genau und scharfkantig wiedergegeben sind.

Die Fließbarkeit ist auch als Formfüllungsvermögen, Vergießbarkeit oder Gießbarkeit bezeichnet worden. Zur Bestimmung der Fließbarkeit verwendet man vorwiegend einen spiralförmig gelegten, engen Gießkanal, in den man das flüssige Metall einfließen läßt, bis es erstarrt. Die voll ausgelaufene Länge der Gießspirale wird in Zentimeter gemessen und gilt als Maß für die Fließbarkeit.

In der Vergangenheit sind verschiedene Versuche unternommen worden, eine Gießspiralform zu entwickeln, die in ihrer Anordnung eine gute Reproduzierbarkeit der Versuchsbedingungen ermöglicht. So sind die Spiralformen von COURTY, SIPP, SAEGER und KRYNITZKY und anderen bei vielen Versuchen verwendet worden. K.L. CLARK (1) hat sie vergleichend beschrieben. Ihr großer Mangel liegt in der Verwendung von Formsand, der nur sehr schwer mit stets gleichbleibenden Eigenschaften hergestellt werden kann. 1952 entwickelte Ph. SCHNEIDER (2) eine Spiralform, die nach dem Croning-Verfahren hergestellt ist. Die Formasse beim Croning-Verfahren ist wasserfrei und läßt sich leicht völlig gleichartig reproduzieren. Die Formoberfläche ist sehr glatt bei großer Gasdurchlässigkeit und hoher statischer Festigkeit. Sie besitzt ein verhältnismäßig geringes Wärmeleitvermögen. Diese Formmaskenspirale nach Ph. SCHNEIDER ist bei der vorliegenden Arbeit zur Bestimmung der Fließbarkeit verwendet worden.

Die Fließbarkeit einer Schmelze ist eine Eigenschaft, die von einer grossen Anzahl Faktoren physikalischer, gieß- und formtechnischer Art beeinflußt wird. Daher ist es sehr schwierig, Versuchsreihen unter stets gleichbleibenden Bedingungen durchzuführen. Die wichtigsten Einflußgrößen sind:

Legierungszusammensetzung,
Kristallisation und Erstarrungsweise,
Oberflächenspannung,
Viskosität,
Gasgehalt und Oxyde,

hydrostatischer Druck,
Gießtemperatur,
Formstoff und Formtemperatur.

Es liegt bereits ein zahlreiches Schrifttum vor, das sich mit der Untersuchung des Einflusses obiger Eigenschaften auf die Fließbarkeit befaßt.

Es konnte eine Gesetzmäßigkeit zwischen der Fließbarkeit von Legierungen und ihrem Zustandsschaubild festgestellt werden. Die Untersuchungen, die insbesondere auf A. PORTEVIN und P. BASTIEN (3) zurückgehen, zeigen, daß mit zunehmendem Erstarrungsintervall die Fließbarkeit abnimmt, umgekehrt die Fließbarkeit ein Maximum aufweist bei Schmelzen, die ohne Temperaturintervall erstarren, also reine Metalle, intermediäre Verbindungen und Schmelzen eutektischer Zusammensetzung. Dieser Zusammenhang ergibt sich, wenn man die Schmelzen mit gleichem Wärmegefälle, also mit gleichem Abstand zwischen Gieß- und Liquidustemperatur sowie Liquidus- und Formtemperatur vergießt. Abbildung 1 zeigt die Fließbarkeit von Blei-Zinn-Legierungen, wie sie von V. KONDIC und H.J. KOZLOWSKY (4) gefunden wurde. Bei anderen Legierungen wurden grundsätzlich die gleichen Beziehungen festgestellt. A. PORTEVIN (5) konnte nachweisen, daß auch ternäre Systeme diesen Gesetzmäßigkeiten gehorchen. Einige Abweichungen, wie sie z.B. im System Al - Si (4) beobachtet wurden, sind noch nicht eindeutig geklärt.

In enger Beziehung zum Zustandsschaubild stehen die Unterschiede in der Erstarrungsweise der Legierungen. Schon G. SACHS (5) erkannte den Einfluß einer unterschiedlichen Kristallisationsfront einer erstarrenden Schmelze auf das fließende Medium, und W. PATTERSON (6) analysierte die Vorgänge, die sich bei dendritischer oder globularer Erstarrung ergeben.

Die von der Formwand ausgehende Kristallisation erfolgt über dem Temperaturbereich der Erstarrung nicht mit konstanter Geschwindigkeit, sondern es ergeben sich aus den Hebelbeziehungen im Schmelzdiagramm die Möglichkeiten, daß die Schmelze im Anfang rasch und dann immer langsamer oder umgekehrt erstarrt. Dabei ist die Ausbildung langer, in den Schmelzfluß hineinragender Dendriten umso ausgeprägter, je mehr sich die maximale Kristallisationsgeschwindigkeit zum Beginn der Erstarrung verschiebt. Diese Dendriten hemmen den Schmelzfluß und können ihn teilen oder unterbinden. Außerdem ist die starke Reibung der Flüssigkeit an den Dendriten mit energetischen Verlusten verbunden.

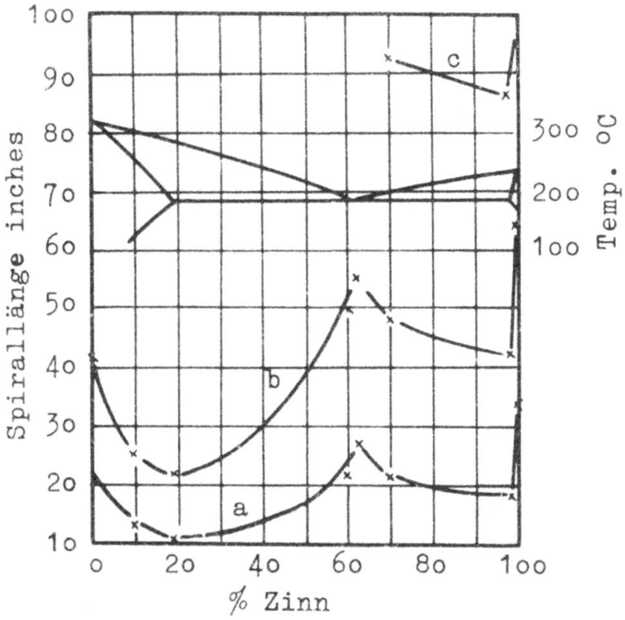

Metalltemperatur für alle Kurven: 25 °C über Liquidus
Formtemperaturen: a) 100 °C, b) 25 °C unter Liquidus
c) 6 °C unter Liquidus (nach V. KONDIC und H.J. KOZLOWSKY)

A b b i l d u n g 1
Fließbarkeit von Blei-Zinn-Legierungen

Im Zusammenhang mit dem Zustandsdiagramm steht ebenfalls die von W. PATTERSON (6) untersuchte Verschiebung der Erstarrungslinien durch Konzentrationsverschiebungen infolge Mischkristallseigerungen.

Auf die Bedeutung der Oberflächenspannung haben verschiedene Forscher bereits hingewiesen. R. GENDERS (7) streicht sie besonders dann heraus, wenn sie durch Oxydhäute erhöht wird. In neuerer Zeit sind es O.W. BRIGGS (8) und V. KONDIC (9), die Anregungen zur Untersuchung der Oberflächenspannung gegeben haben. Insgesamt gesehen liegen noch recht wenige, bestimmte Angaben über diese Eigenschaft vor, doch stellte V. KONDIC (9) beim Vergleich der bisher vorliegenden Ergebnisse fest, daß die Oberflächenspannung einiger flüssiger Metalle mit steigender Temperatur abnimmt. E. DRAHT und F. SAUERLAND (10) erkannten jedoch als sehr wichtige Abweichung von dieser Regel eine Zunahme der Oberflächenspannung von flüssigem Kupfer mit steigender Temperatur. Kupfer-Zinn-Legierungen mit mehr als 25 % Cu zeigen die gleiche Erscheinung.

Da diese Bestimmung unter Wasserstoffatmosphäre durchgeführt wurden, erscheint es jedoch durchaus möglich, daß diese Ergebnisse durch das bekannte hohe Lösungsvermögen des Kupfers für Wasserstoff anders liegen als es für wasserstofffreie Kupfer- und Bronzeschmelzen der Fall ist. Stark beeinflußt wird die Oberflächenspannung, die besonders beim Gießen in Formen mit kleinen Querschnitten von Bedeutung ist, durch Oberflächenoxydation.

Die Leichtmetalle, sowie Zink und Zinn, bilden bei der Berührung mit Luft wegen ihrer großen Affinität zum Sauerstoff an der Badoberfläche feste, in der Schmelze nicht lösliche Oxyde, die auf dem Metallspiegel mehr oder weniger fest zusammenhängende Schichten bilden. Die Oxyde des Kupfers sind dagegen flüssig und legieren sich mit Kupfer. Geraten die unlöslichen Oxyde durch die Badbewegung in die Schmelze hinein, so bewirken sie, wenn sie als Schwebeteilchen oder Oxydhäute in der Schmelze festgehalten werden, eine starke Erniedrigung der Fließbarkeit. Flüssige Oxyde dagegen erhöhen sie vielfach. Gelingt es also, die festen Oxydeinschlüsse in der Schmelze zu verflüssigen, so wird ihr schädlicher Einfluß auf die Fließbarkeit aufgehoben.

Auf die Oberflächenspannung wirken Oxydhäute auf der Badoberfläche stark erhöhend, wie R.H. GREAVES (11) und auch V. KONDIC (9) feststellten, und A. PORTEVIN und P. BASTIEN (12) fanden, daß eine Aluminiumschmelze mit oxydierter Oberfläche mehr als die doppelte Oberflächenspannung einer nichtoxydierten besitzt.

Über den Einfluß des hydrostatischen Druckes, d.h. des Druckes, den die Metallsäule im Einguß auf den Schmelzfluß in der Form ausübt, haben bereits D. SAITO und K. HAYASHI (13), später auch andere Forscher berichtet. Es ergibt sich übereinstimmend, daß die Fließbarkeit mit steigendem hydrostatischem Druck langsam ansteigt. Abbildung 2 zeigt Ergebnisse von V. KONDIC und H.J. KOZLOWSKY (4) an Zinn.

Auch die Eigenschaften des Formstoffes, Feuchtigkeitsgehalt, Art der Zusammensetzung, Korngröße, Gasdurchlässigkeit und Wärmeleitvermögen beeinflussen die Auslauflängen der Gießspiralen.

Über den Einfluß der Formtemperatur auf die Fließbarkeit liegen übereinstimmende Ergebnisse von A. COURTY (1), V. KONDIC und H.J. KOZLOWSKY (4) und anderen vor. Dabei ist ein stärkerer Anstieg der Fließbarkeit erst bei höheren Formtemperaturen festzustellen.

R.H. GREAVES (11) fand die Zunahme der Spirallängen mit steigendem Gießquerschnitt.

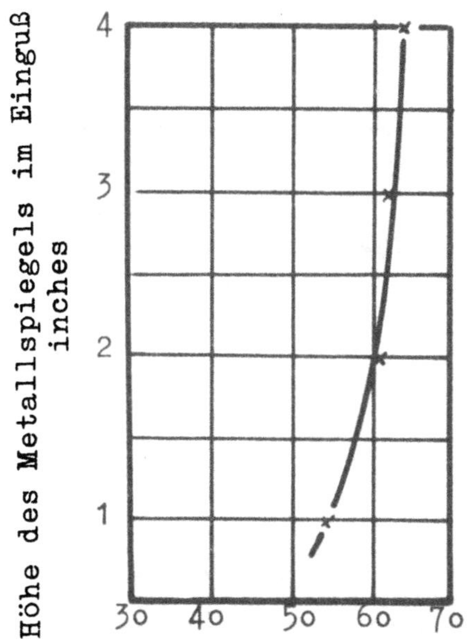

Metalltemperatur: 25 °C über Liquidus
Formtemperatur: 25 °C unter Liquidus

A b b i l d u n g 2
Einfluß des hydrostatischen Druckes auf die Fließbarkeit

Den zweifellos größten Einfluß auf die Fließbarkeit von Metallschmelzen hat jedoch die Gießtemperatur. Eine große Anzahl Metalle ist bereits auf diese Abhängigkeit hin untersucht worden. Dabei fanden A. PORTEVIN und P. BASTIEN (8), sowie V. KONDIC und H.J. KOZLOWSKY (4) (Abb. 3) bei reinen Metallen einen linearen Anstieg mit steigender Temperatur, während N.B. PILLING und T.E. KIHLGREN (14) für Rotgußlegierungen einen nach unten durchgebogenen Kurvenverlauf ermittelten. Ph. SCHNEIDER (2) fand bei Aluminiumlegierungen einen nach oben durchgebogenen und einen linearen Anstieg (Abb. 4). Ph. SCHNEIDER vermutet, daß eine Abweichung vom linearen Anstieg durch nichtmetallische Verunreinigungen hervorgerufen wird. W. PATTERSON (5) berichtet über Versuche von LUIGI LOSANA, die diese Annahme bestärken.

Nach Durchsicht des zahlreichen Schrifttums wurde bei der Auswertung der vorliegenden Arbeit eine lineare Beziehung zwischen Gießtemperatur und Fließbarkeit angenommen. Über die Verhältnisse zwischen Fließbarkeit und Viskosität von Schmelzen ist noch keine eindeutige Erklärung gefunden. Während in einigen Fällen diese beiden Eigenschaften einen reziproken

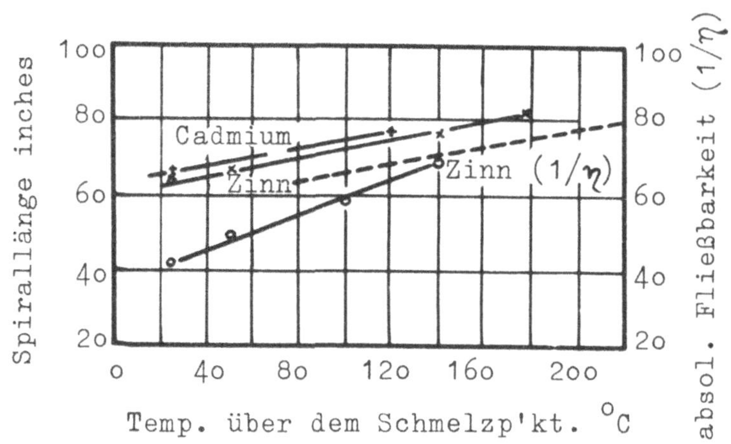

A b b i l d u n g 3
Einfluß der Temperatur auf die Fließbarkeit; Form: Gußeisen

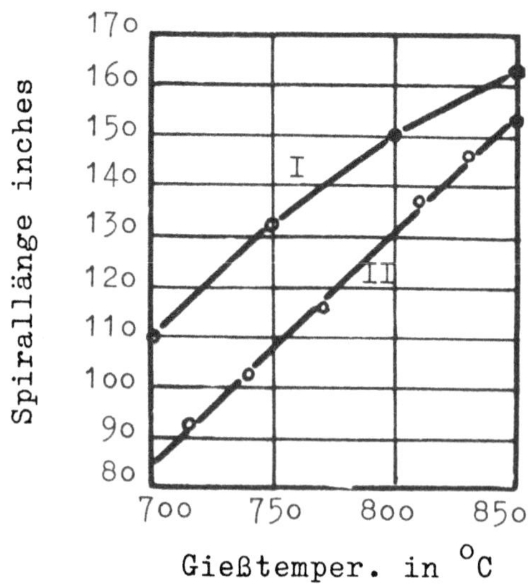

	Si	Cu	Mg	Mn	Fe	Ni	Zn
I	7,43	2,59	o,1o	o,51	1,18	o,2o	1,44
II	6,46	3,12	o,31	o,6o	o,9o	o,25	1,o2

A b b i l d u n g 4
Gießbarkeit von G AL Si 6 Cu 3 (nach Ph. SCHNEIDER)

Verlauf zeigen, also mit zunehmender Zähigkeit die Fließbarkeit von Schmelzen abnimmt, haben sich hier einige bedeutsame Abweichungen, z.B. im System Al - Si ergeben. Die in Abbildung 5 dargestellten Ergebnisse von V. KONDIC und H.J. KOZLOWSKY (4) zeigen im Vergleich mit Viskositätswerten von POLYAK und SERGEEV im System Al - Si über das Eutektikum hinaus

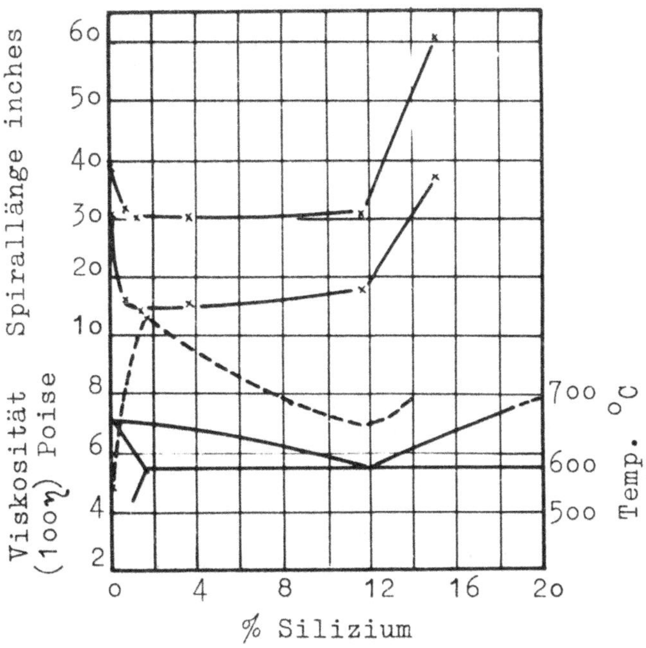

Metalltemperatur: a: 25 °C über Liquidus
b: 100 °C " "

Formtemperatur: a: b: } 100 °C unter Liquidus

c: Viskosität nach POLYAK u. SERGEEV

A b b i l d u n g 5

Fließbarkeit von reinen Aluminium-Silizium-Legierungen

einen starken Anstieg der Fließbarkeit bei gleichzeitiger Zunahme der Zähigkeit.

Nach vorstehenden Ausführungen erscheint es schwierig, die Fließbarkeit von Metallschmelzen in ihrer Gesamtheit wissenschaftlich zu erfassen, da sie von sehr vielen Komponenten des Form-, Schmelz- und Gießverfahrens sowie physikalischen Zustandsgrößen abhängig ist. Deshalb hat man sich in der Praxis bisher meist darauf beschränkt, die Dünnflüssigkeit einer Schmelze durch Steigerung der Gießtemperatur oder durch Zugabe bestimmter Legierungselemente zu erhöhen. Wohl das wichtigste und gebräuchlichste Element hierfür ist der Phosphor. Nachdem sich bereits D. SAITO und K. HAYASHI (13) und später J.H. ANDREW, R.T. PERCIVALL und G.T.C. BOTTOMLEY (15) sowie R. BERGER (5) mit dem Einfluß des Phosphors auf die Fließbarkeit von Eisen und Eisen-Kohlenstoff-Legierungen befaßt hatten, erschien es bedeutungsvoll, die seit langer Zeit zum Zwecke der Desoxydation geübte Behandlung von Schwermetallschmelzen mit Phosphor und die durch ihn hervorgerufene Erhöhung der Fließbarkeit systematisch zu untersuchen.

II. Versuchseinteilung

Es wurde die Fließbarkeit von acht Schwermetalllegierungen bei zwei verschiedenen Gießtemperaturen und Phosphorgehalten zwischen o,oo % und o,5o % untersucht.

Die Legierungen sind in den Normblättern DIN 17o5 und DIN 17o9 aufgezeichnet.

Schmelzreihe A	:	G Sn Bz 2o	Gießtemperatur	1o5o °C 115o °C
Schmelzreihe B	:	G Sn Bz 14	Gießtemperatur	1o5o °C 115o °C
Schmelzreihe C	:	G Sn Bz 12	Gießtemperatur	1o5o °C 115o °C
Schmelzreihe D	:	G Sn Bz 1o	Gießtemperatur	1o5o °C 115o °C
Schmelzreihe E	:	Rg 1o	Gießtemperatur	1ooo °C 11oo °C
Schmelzreihe F	:	Rg 5	Gießtemperatur	1ooo °C 11oo °C
Schmelzreihe G	:	Rg 4	Gießtemperatur	115o °C 11oo °C
Schmelzreihe	I	G Ms 64	Gießtemperatur	95o °C 1ooo °C

Insgesamt wurden 34o Versuchsschmelzen durchgeführt. Davon waren 12 Vorversuche zur Bestimmung von Abbrandverlusten und brauchbarer Gießtemperaturen bis Rg 4. 42 Versuchsschmelzen (= 15 %) konnten wegen Versuchsfehlern nicht gewertet werden.

286 Schmelzen wurden ausgewertet.

Es wurden bestimmt von jeder Schmelze:

chemische Zusammensetzung,
Fließbarkeit,
spezifisches Gewicht,
elektrische Leitfähigkeit (von 89 Proben).

III. Versuchsanordnung

Bei den Schmelzversuchen war die Versuchsanordnung, wie sie in Abbildung 6 wiedergegeben ist.

Der selbstgebaute Tiegelschmelzofen hatte einen äußeren Durchmesser und eine Höhe von 500 mm. Als Futter wurde Schamotte verwendet, der Deckel bestand aus dem gleichen Material. Zur Luftabführung war in der Mitte des Deckels eine Durchbohrung von 50 mm Durchmesser. In den Ofenraum führte seitlich tangential ein starker Brenner, der mit Preßluft und Leuchtgas gespeist wurde.

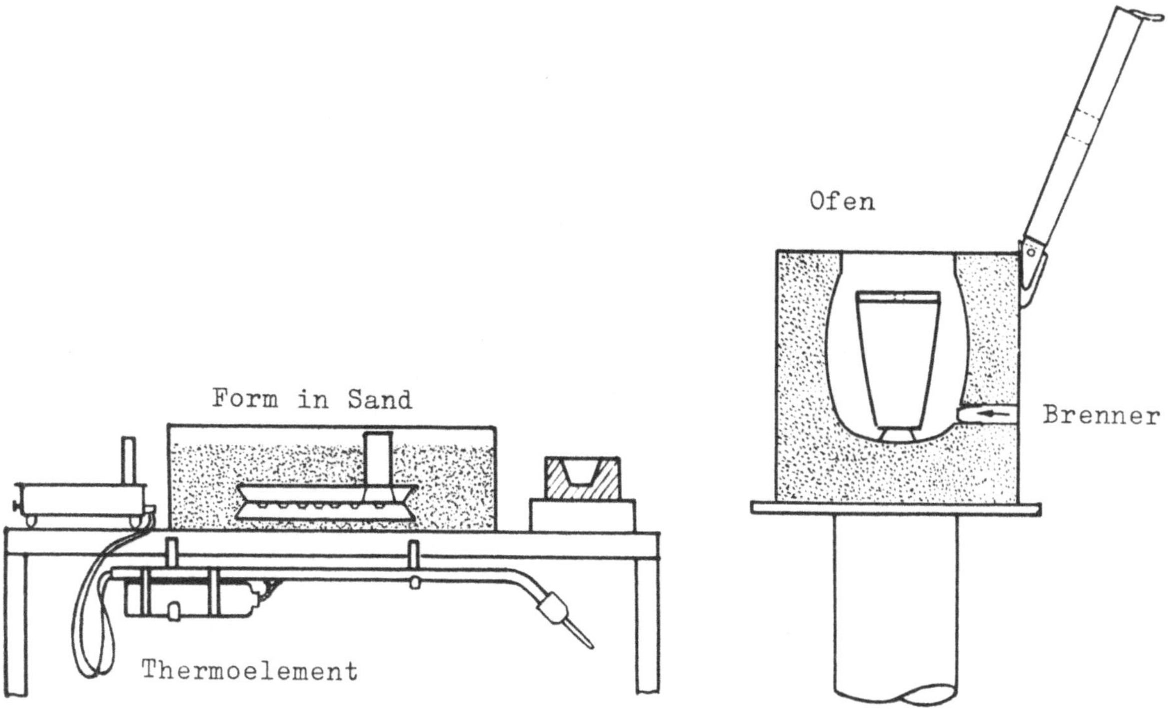

A b b i l d u n g 6
Versuchsanordnung zur Prüfung der Fließbarkeit

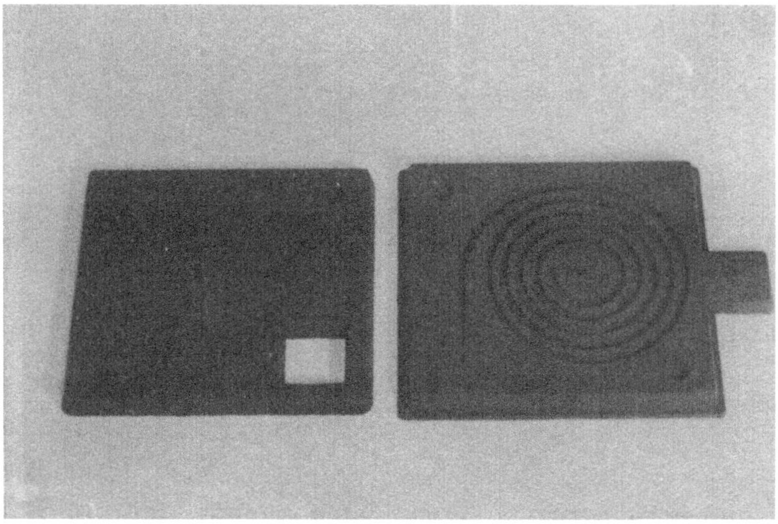

A b b i l d u n g 7a   A b b i l d u n g 7b

A b b i l d u n g 7

Einzelteile der Croning-Auslaufspirale nach Ph. SCHNEIDER

A b b i l d u n g 8

Zusammengesetzte Croning-Auslaufspirale nach Ph. SCHNEIDER

Neben dem Ofen stand erschütterungsfrei der Gießtisch. Darauf lag in einem Sandbett die Gießspirale; sie wurde mit einer etwa 1oo mm hohen Sandschicht bedeckt. Neben dem Sandkasten stand eine kleine Stahlkokille mit 4o - 45 cm^3 Fassungsvermögen für die Aufnahme der Analysenprobe, sowie das Millivoltmeter des Thermoelementes. Zur Temperaturmessung wurde ein Pt - PtRh - Thermoelement verwendet. Es war in ein Sichromal-Rohr eingebaut. Die Warmlötstelle war durch ein Rotosil-Quarzrohr von 4 - 5 mm l.W. geschützt. Eine Kupferleitung verband die Kaltlötstellen, die in einer Thermosflasche auf 2o °C gehalten wurden, mit dem Millivoltmeter.

Als Gießspirale zur Bestimmung der Fließbarkeit wurde die Maskenformspirale nach Ph. SCHNEIDER (2) verwendet, deren Einzelteile in Abbildung 7 dargestellt sind. Der Gießkanal hat eine Länge von 2oo cm und einen trapezförmigen Querschnitt von o,42 cm^2. Die Form wird aus drei Teilen, Unter-, Oberteil und Einguß zusammengesetzt und mit einer Stahlklammer zusammengehalten. Abbildung 8 zeigt die gießfertige Form, die mit einer Dosenlibelle horizontiert wird.

IV. Versuchsdurchführung

Bei der Durchführung der Schmelzversuche wurden nur Reinmetalle (Elektrolytkupfer, Reinzink, -zinn und -blei) sowie Phosphorkupfer (1o % P) verwendet. Das Einsatzgewicht war 12oo g.

Zuerst wurde das Kupfer in einem 2 kg fassenden Graphittiegel im Tiegelofen eingeschmolzen. Das Einsatzgut wurde mit kleinstückiger, bei 15o °C vorgetrockneter Holzkohle abgedeckt, der Tiegel mit einem Graphitdeckel, der eine kleine Durchbohrung als Schauloch hatte, verschlossen. Die Flammenführung im Ofen war leicht oxydierend. Die Kupferschmelze wurde so hoch erhitzt, daß die Schmelze nach Zugabe der Legierungselemente noch eine Temperatur von etwa 2o - 3o °C über der Gießtemperatur besaß. Diese Maßnahme hatte sich, trotz der Bedenken hinsichtlich des starken Anstiegs der Gaslöslichkeit des Kupfers bei hohen Temperaturen, als notwendig erwiesen, da beim Zulegieren bei niedrigeren Temperaturen (11oo - 115o °C) die Schmelze einfror oder so dickflüssig wurde, daß eine gleichmäßige Verteilung der zulegierten Elemente in der Kupferschmelze nicht mehr möglich war. Das darauf folgende Wiederaufheizen auf die erwünschte Gießtemperatur führte sodann zu unkontrollierbaren Abbrandverlusten, so daß gleichmäßige Analysenwerte nicht erhalten werden konnten.

Nach dem Aufschmelzen des Kupfers, das je nach den eingesetzten Mengenanteilen in den Legierungen 1o - 2o min dauerte, wurde zunächst das Phosphorkupfer zugegeben, mit einem auf helle Rotglut vorgewärmten Stab aus

Elektrodenkohle kräftig eingerührt und die Schmelze etwa eine halbe Minute stehengelassen. Danach wurden die übrigen Legierungselemente in der Reihenfolge Zinn, Blei und zuletzt Zink zugegeben. Sofort nach dem Legieren wurde die Temperatur der Schmelze mit dem Thermoelement laufend gemessen, bis eine Temperatur von etwa 1o °C über der Gießtemperatur erreicht war. Hier wurde die Temperaturmessung abgebrochen, der Tiegel mit einer Zange rasch aus dem Ofen gehoben und sofort vergossen. Die Gießschnauze wurde mit einem Kohlestab von der Holzkohlendecke freigehalten.

Zuerst wurde die Spirale gegossen und dann die Analysenprobe. Drei bis vier Minuten nach dem Erstarren des Metalls wurde die Maskenspiralform aus dem Sand gehoben, geöffnet und die Spirale herausgenommen.

Die Länge der Spirale wurde auf einer Meßschablone in cm ausgemessen, Bruchteile unter o,5 cm ab, über o,5 cm auf volle cm aufgerundet. Das spezifische Gewicht wurde nach dem Archimedes'schen Prinzip durch das Auswiegen des gereinigten Analysenblöckchens in Luft und in Wasser bestimmt. Die chemische Zusammensetzung der einzelnen Schmelzen wurde auf naßanalytischem Wege aus der dafür abgegossenen Probe ermittelt. Die Bestimmung der elektrischen Leitfähigkeit erfolgte mit dem Sigma-Test an abgeschliffenen Flächen des Kokillenblöckchens.

Sämtliche Arbeiten wurden durchgeführt in der Versuchsanstalt der Firma J.G. Schwietzke, Metallwerke, Düsseldorf.

V. Versuchsergebnisse

Für jede Legierung wurde die Spiralenlänge in Abhängigkeit vom Phosphorgehalt bis o,5o % bei zwei verschiedenen Gießtemperaturen ermittelt.

1. Versuchsreihe A : G Sn Bz 2o

Diese Legierung mit dem höchsten, hier betrachteten Zinngehalt zeigt hohe Fließbarkeitswerte. Der Einfluß des Phosphors zeigt sich in einem stetigen Anstieg der Spiralenlängen mit steigendem Phosphorgehalt. Bei sehr geringen Phosphorgehalten sinkt die Fließbarkeit stark ab. Mit wachsendem Phosphorgehalt vergrößert sich der Abstand der Isothermen.

2. Versuchsreihe B : G Sn Bz 14

Gegenüber Abbildung 9 haben sich die Fließbarkeitswerte stark verringert. Der Steilabfall bei niedrigen Phosphorgehalten hat sich verstärkt.

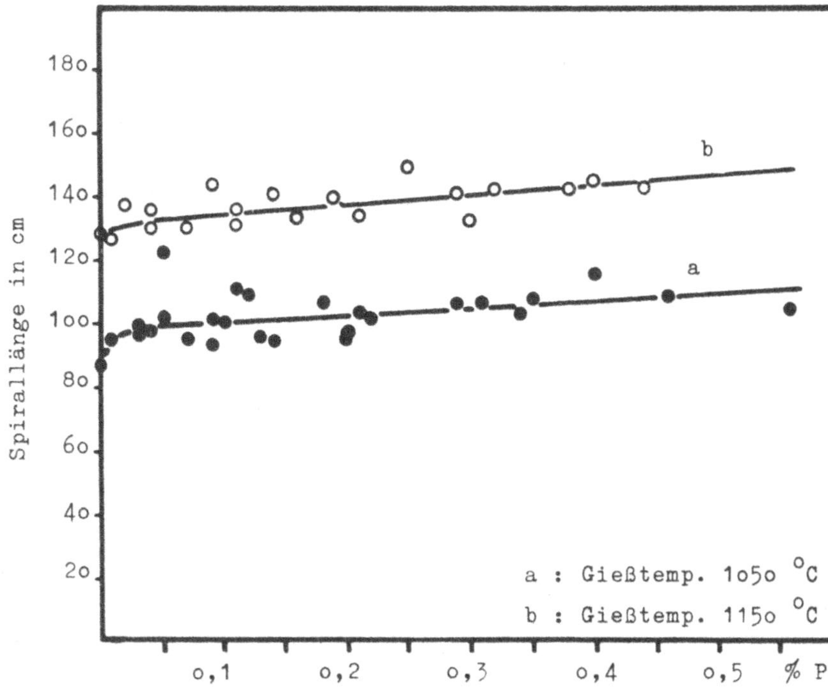

A b b i l d u n g 9

Einfluß des Phosphors auf die Fließbarkeit von Gußzinnbronze 20

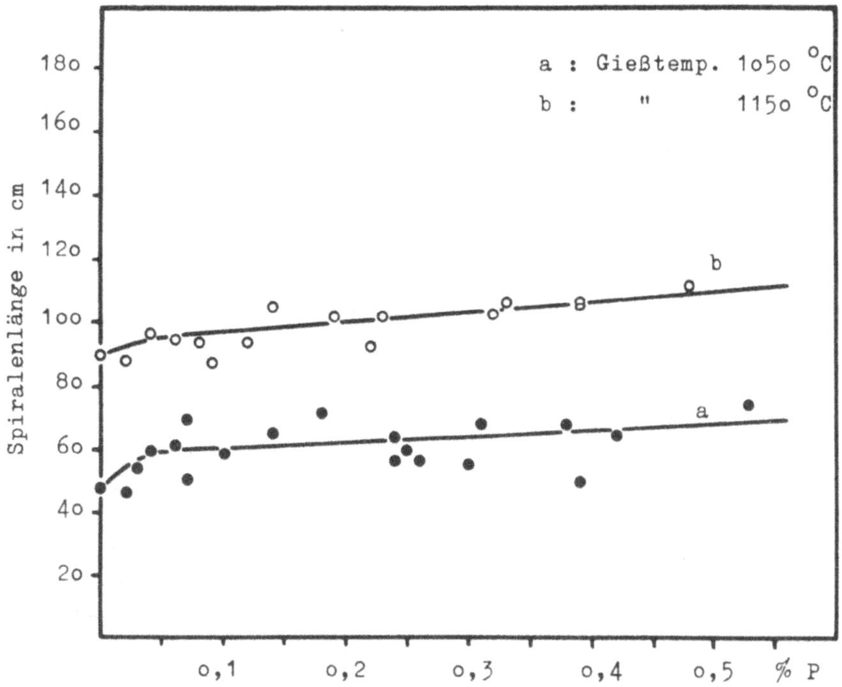

A b b i l d u n g 10

Einfluß des Phosphors auf die Fließbarkeit von Gußzinnbronze 14

3. Versuchsreihe C : G Sn Bz 12

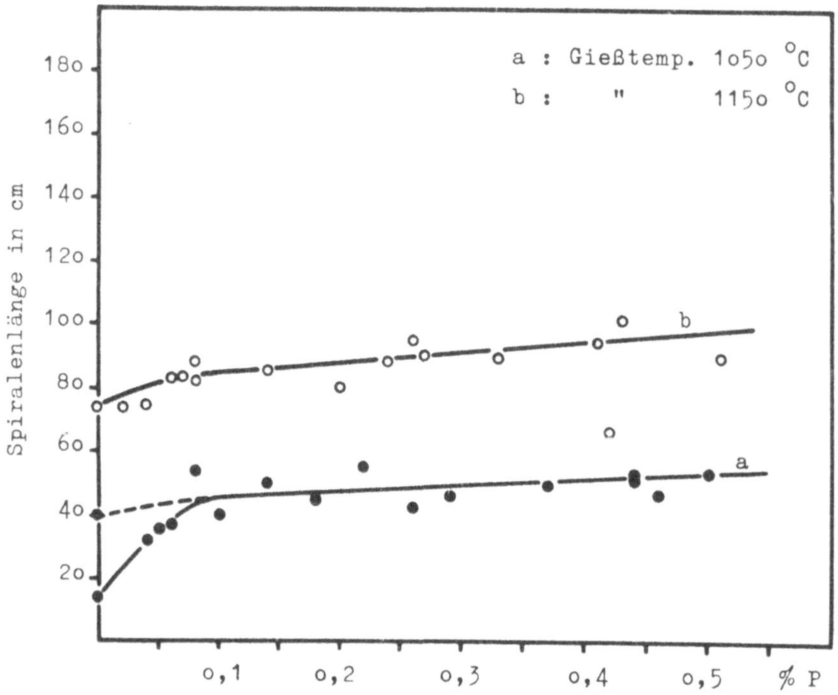

A b b i l d u n g 11

Einfluß des Phosphors auf die Fließbarkeit von Gußzinnbronze 12

Die Fließbarkeitswerte liegen noch tiefer als die der G Sn Bz 14.

4. Versuchsreihe D : G Sn Bz 10

Die Fließbarkeitswerte der G Sn Bz 10 unterscheiden sich von denen der G Sn Bz 12 nur ganz unwesentlich, so daß der starke Einfluß des Zinngehaltes offensichtlich erst ab 12 % Sn auftritt. Der Beginn des linearen Kurventeils hat sich bis auf einen Phosphorgehalt von 0,1 % verlagert.

Kurze Zusammenfassung der Versuchsreihen Zinnbronzen:

Die Fließbarkeit steigt im steigendem Phosphorgehalt an. Die Kurven zerfallen in zwei Teile. einen starken Anstieg bei niedrigen Phosphorgehalten und einen schwächeren, linearen Anstieg, in den der erstere übergeht.

Die Fließbarkeit steigt mit zunehmendem Zinngehalt an. Die Fließbarkeit steigt mit steigender Gießtemperatur an, und zwar umso stärker, je höher der Phosphorgehalt ist.

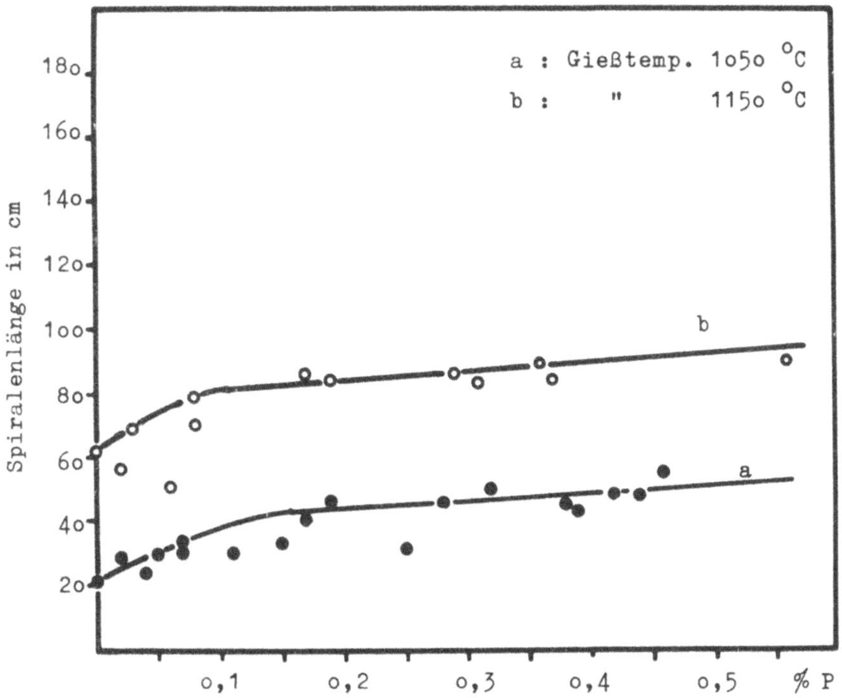

A b b i l d u n g 12

Einfluß des Phosphors auf die Fließbarkeit von Gußzinnbronze 10

5. Versuchsreihe E : Rotguß Rg 10

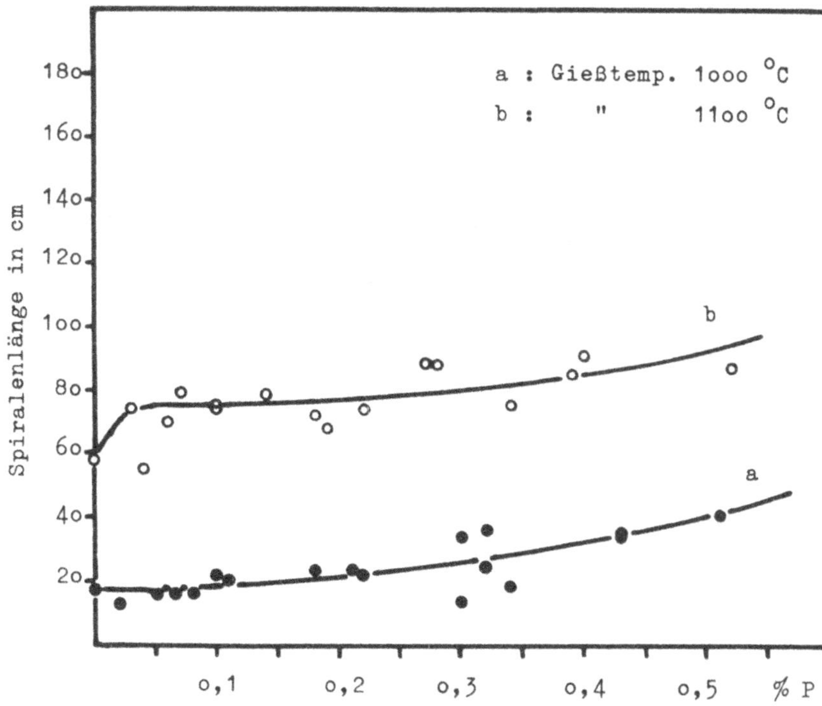

A b b i l d u n g 13

Einfluß des Phosphors auf die Fließbarkeit von Rotguß Rg 10

Bei den Rotgußlegierungen erfolgt der Anstieg der Fließbarkeit mit steigendem Phosphorgehalt nicht mehr linear wie bei den Zinnbronzen, sondern in einer durchhängenden Kurve. Der Einfluß des Phosphors wird bei höheren Gehalten stärker. Der Einfluß der Gießtemperatur ist sehr groß.

6. Versuchsreihe F : Rotguß Rg 5

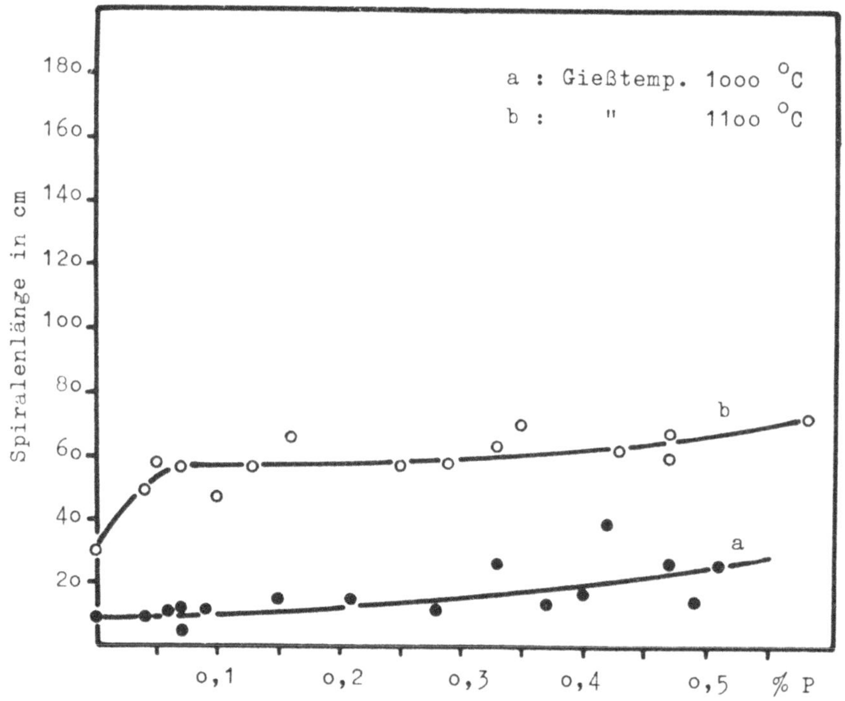

A b b i l d u n g 14

Einfluß des Phosphors auf die Fließbarkeit von Rotguß Rg 5

Die Fließbarkeitswerte des Rg 5 liegen bei gleichen Temperaturen tiefer als die des Rg 1o. Der Anstieg ist geringer. Der Abfall der Fließbarkeit bei niedrigen Phosphorgehalten bleibt bei den bei 1ooo °C vergossenen Schmelzen der Legierungen Rg 1o und Rg 5 aus. Das liegt vermutlich daran, daß bei niedrigen Fließbarkeitswerten unter 2o cm die Empfindlichkeit der Gießspirale zu gering ist, um diesen Abfall noch anzuzeigen.

7. Versuchsreihe G : Rotguß Rg 4

Trotz höherer Gießtemperaturen liegen die Fließbarkeitskurven des Rg 4 wegen seiner geringen Legierungsanteile tiefer als die der übrigen Rotgußlegierungen.

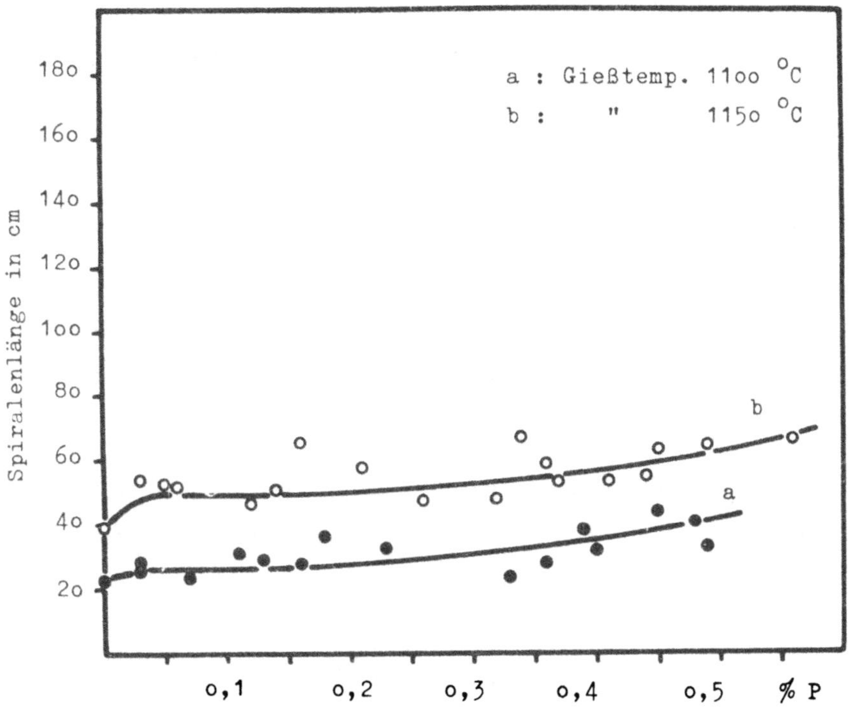

A b b i l d u n g 15

Einfluß des Phosphors auf die Fließbarkeit von Rotguß Rg 4

8. Versuchsreihe I : Gußmessing G Ms 64

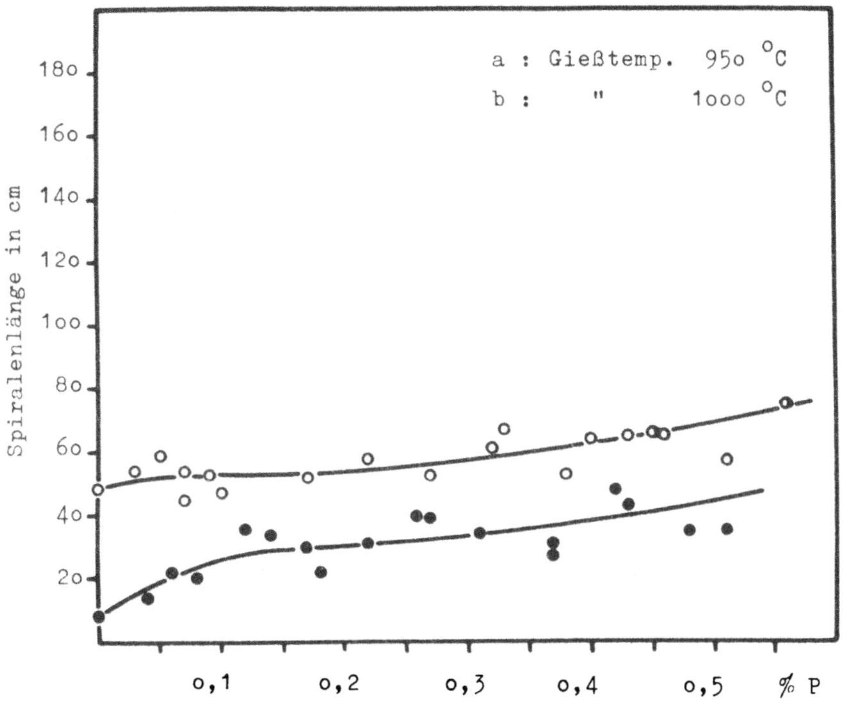

A b b i l d u n g 16

Einfluß des Phosphors auf die Fließbarkeit von Gußmessing G Ms 64

Im Vergleich mit den Rotgußlegierungen weist der G Ms 64 eine recht gute Fließbarkeit auf. Der Einfluß des Phosphors ist etwa der gleiche wie bei Rotguß.

Kurze Zusammenfassung der Versuchsreihen Rotguß und Messing:

Die zinkhaltigen Legierungen zeigen im Gegensatz zu den reinen Zinnbronzen keinen linearen Anstieg der Fließbarkeit mit steigendem Phosphorgehalt auf, sondern einen gekrümmten Verlauf. Der Einfluß der Gießtemperatur ist stärker als bei den Zinnbronzen, jedoch scheint er durch Änderung des Phosphorgehaltes nicht beeinflußt zu werden.

Die Fließbarkeit ist umso größer, je größer die prozentualen Legierungsanteile sind. Der Einfluß der einzelnen Legierungselemente ist nicht ersichtlich.

VI. Einfluß von Phosphor auf die Fließbarkeit von Schwermetall-Legierungen

Bereits im vorigen Kapitel sind die Versuchsergebnisse kurz herausgestellt worden. Der auffälligste Unterschied zwischen den Bronzen und Rotguß ist der, daß der Anstieg der Fließbarkeit mit zunehmendem Phosphorgehalt bei Zinnbronzen linear ist, während er bei den zinkhaltigen Legierungen einen gebogenen Verlauf zeigt.

Bei Rotguß und Messing wirken sich Erhöhungen des Phosphorgehaltes von einem bestimmten Mindestgehalt an mit steigenden Phosphorgehalten immer stärker auf die Längen der Gießspiralen aus. Die Isothermen laufen parallel, so daß daraus der Schluß gezogen werden kann, daß die Höhe der Gießtemperatur auf die Beziehung zwischen Phosphorgehalt und Fließbarkeit keinen Einfluß ausübt.

Bei den Zinnbronzen zeigt sich von einem bestimmten Mindestgehalt an Phosphor an ein klarer linearer Anstieg der Fließbarkeit mit zunehmendem Phosphorgehalt.

Der stetige Kurvenanteil stellt bei allen untersuchten Legierungen einen eindeutigen Legierungseffekt dar, der dadurch zustande kommt, daß der Phosphor die Erstarrungstemperaturen senkt und dadurch das Wärmegefälle zwischen Gieß- und Liquidustemperatur steigert. Mit der hiermit erzielten Verlängerung der Fließzeit steigt auch die Auslauflänge der Spiralen.

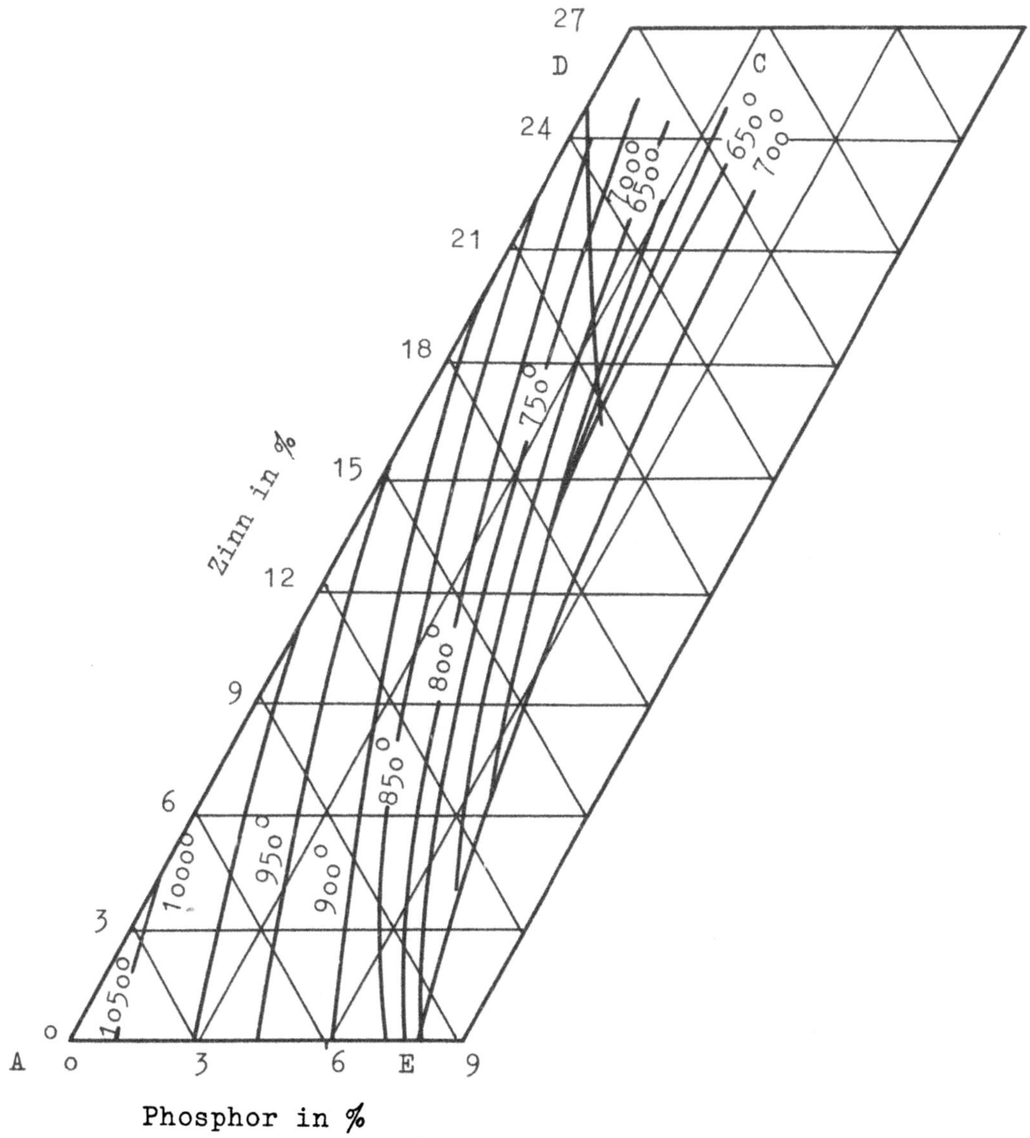

A b b i l d u n g 17
Liquiduslinien von Blei-Zinn-Bronzen (nach VERÖ)

Abbildung 17 zeigt Isothermen in der Kupferecke des ternären Systems Cu - Sn - P von VERÖ (16), die die starke Erniedrigung der Liquidustemperaturen durch Phosphor anzeigen. Gleiches konnte von W. EARL LINDLIEF (17) im System Cu - Zn - P festgestellt werden.

Allen Legierungen gemeinsam ist ferner ein starker Abfall der Fließbarkeitswerte bei geringen Phosphorgehalten unter o,1o %. Das Ausbleiben dieses Kurvenverlaufes bei den mit einer Gießtemperatur von 1ooo °C vergossenen Legierungen Rg 1o und Rg 5 ist vermutlich darauf zurückzuführen, daß bei kleinen Auslauflängen, etwa unter 2o cm, die Meßempfindlichkeit der Gießspirale gering wird, so daß hier dieser Effekt nicht mehr angezeigt wird.

Die geringste Auslauflänge besitzen die Legierungen, die nicht mit Phosphor legiert sind. Mit Zugabe geringer Mengen Phosphor steigt die Fließbarkeit stark an bis zu einem Phosphorgehalt, bei dem dieser Steilanstieg in eine stetige Kurve oder Gerade übergeht. Dieser Effekt kann nicht allein durch die Erniedrigung der Erstarrungstemperaturen durch die Zugabe von Phosphor erklärt werden, sondern er beruht auf chemischen Reaktionen des Phosphors mit den Komponenten der Schmelze.

Bei der Durchführung der Versuche wurde folgende Beobachtung gemacht:

Nach der Zugabe von Zinn zum flüssigen Kupfereinsatz bildete sich bei den nicht mit Phosphor behandelten Schmelzen auf dem Badspiegel sofort eine starke, feste Oxydhaut, die aufzubrechen nicht möglich war, da sie beim Bewegen der Badoberfläche immer wieder neu entstand. Auch beim Giessen bildete sich um den Gießstrahl eine Oxydhaut.

Bei Zugabe kleiner Mengen Phosphor wurde die Oxydhaut auf der Badoberfläche immer dünner, bis bei den Phosphorgehalten, bei denen der Steilanstieg der Kurven in den Abbildungen 9 - 12 in die Gerade übergeht, der Badspiegel beim Legieren von Zinn nach vorheriger Phosphorzugabe blank blieb.

Dieser Vorgang konnte bei den Rotguß- und Messingschmelzen wegen der Zinkoxydentwicklung visuell nicht bestätigt werden. Das Auftreten von Oxydhäuten bewirkt, wie eingangs schon erwähnt wurde, eine sehr starke Erhöhung der Oberflächenspannung des flüssigen Metalls, die wiederum, besonders bei dem kleinen Gießquerschnitt der Spirale, eine beträchtliche Reduzierung der Auslauflänge zur Folge haben muß. Dies bestätigen die Versuchsergebnisse.

Gemäß den oben ausgeführten Beobachtungen steht es außer Zweifel, daß der Phosphor diese feste Haut aus Oxyden abbaut. W. OELSEN (18) hat festgestellt, daß Phosphor mit Kupferoxydul sehr stabile Verbindungen eingeht. Diese Kupferphosphate sind gut flüssig und bilden wegen ihres geringeren spezifischen Gewichtes eine Schicht über der Kupferschmelze, so daß das Kupferoxydul praktisch vollständig aus der Kupferschmelze herausgenommen und damit die Kupferphase desoxydiert wird. Der gleiche Vorgang scheint sich hier zwischen Phosphor und Zinnoxyd abzuspielen. A. BENRATH (19) erwähnt, daß Phosphorsäure bei hohen Temperaturen eine sehr starke Säure ist, und es erscheint wahrscheinlich, daß der Phosphor mit dem an sich recht stabilen Zinnoxyd Zinnphosphate bildet, die jedoch bei den im Tiegel herrschenden Temperaturen flüssig sind. Befindet sich Kupferoxydul in einer Kupferschmelze, so wird dieses durch Zinn völlig reduziert, wie E. PIWOWARSKY (2o) nachweisen konnte. Das dabei gebildete feste Zinnoxyd hat ein beachtliches spezifisches Gewicht (5,47) und wird von der Schmelze gerne festgehalten. Wird nun vor der Zugabe von Zinn der Kupferschmelze Phosphor zugesetzt, so bildet dieser mit dem Kupferoxydul der Schmelze Kupferphosphat. Das Zinn wird dann das Kupfer aus dieser Verbindung verdrängen, da es unedler ist als Kupfer. Die Existenz von Zinnphosphaten in Bronzeschmelzen würde die Auffassung von D. HANSON und W.T. PELL-WALPOLE (16) verständlich machen, die, wie Abbildung 18 zeigt, in Zinnbronzen eine Koexistenz von Zinnsäure und Phosphor fanden. Es bestünde dann ein Gleichgewicht zwischen in der Schmelze gelöstem und als Phosphatschlacke gebundenem SnO2.

Würde eine Schmelze von Zinnbronze unter einer neutralen Atmosphäre, Stickstoff oder Edelgas, erschmolzen, legiert und vergossen, so müßte ihre Fließbarkeit auch ohne Phosphorzugabe auf der Verlängerung der stetigen Kurven in den Abbildungen 9 - 16 liegen, da eine Beeinträchtigung der Fließbarkeit durch Erhöhung der Oberflächenspannung infolge Oxydbildung

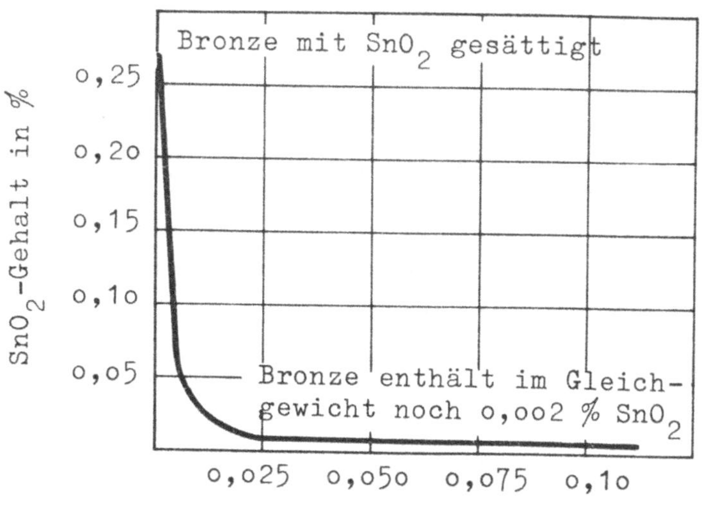

A b b i l d u n g 18

Gleichgewichte von SnO_2 - und Phosphorgehalten in Bronzen (nach PELL-WALPOLE)

nicht mehr eintritt und damit der Phosphor nur als Legierungselement (Erniedrigung der Erstarrungstemperatur) wirkt.

Die Fließbarkeitskurven zeigen deutlich, daß der Abfall der Spiralenlängen im Bereich geringer Phosphorgehalte bei höheren Gießtemperaturen geringer wird. Das ist leicht verständlich, da mit steigenden Temperaturen die Stabilität des Zinnoxyds geringer wird, die Reaktionsfreudigkeit des Phosphors infolge des höheren Energieeinhaltes größer ist und die sich bildenden Zinnphosphate flüssiger sind als bei tieferen Temperaturen. Dieser Effekt muß größer sein als die von E. DRATH und F. SAUERWALD (1o) beobachtete Erhöhung der Oberflächenspannung von Zinnbronzen mit steigender Temperatur, da andernfalls die Auswirkungen auf die Fließbarkeit kaum positiv sein könnten.

VII. Einfluß der Gießtemperatur auf die Fließbarkeit

Um die Auswertung der Versuchsergebnisse weiterführen zu können, wurde nach Durchsicht des zahlreichen Schrifttums angenommen, daß die Fließbarkeit von Metallschmelzen mit der Gießtemperatur linearer ansteigt, obwohl jüngst erst G. SAUR (21) im System Al - Cu zu anderen Ergebnissen gelangt ist.

In Abbildung 19 ist die Spiralenlänge in Abhängigkeit von der Gießtemperatur für die untersuchten Zinnbronzen mit einem Phosphorgehalt von o,1o % aufgetragen. Die Werte sind den Abbildungen 9 - 12 entnommen. Es zeigt sich, daß die Fließbarkeit mit steigender Gießtemperatur rasch zunimmt. Der Anstieg ist bei den Kurven d und c gleich, mit Zinngehalten über 12 % wird er jedoch geringer. Ein ganz ähnliches Bild gibt Abbildung 2o bei Messing und Rotguß. Der Anstieg ist allgemein etwas stärker als bei den Zinnbronzen, besonders der Rg 1o zeigt eine überraschend starke Zunahme der Fließbarkeit bei Temperatursteigerung.

Während die Messing- und Rotgußlegierungen wegen ihrer stark unterschiedlichen Zusammensetzung keine weiteren Vergleichsmöglichkeiten bieten, haben die Zinnbronzen nur drei Variable in den vorliegenden Versuchsreihen:

Phosphorgehalt, Zinngehalt und Gießtemperatur.

Hier läßt sich die Auswertung fortführen.

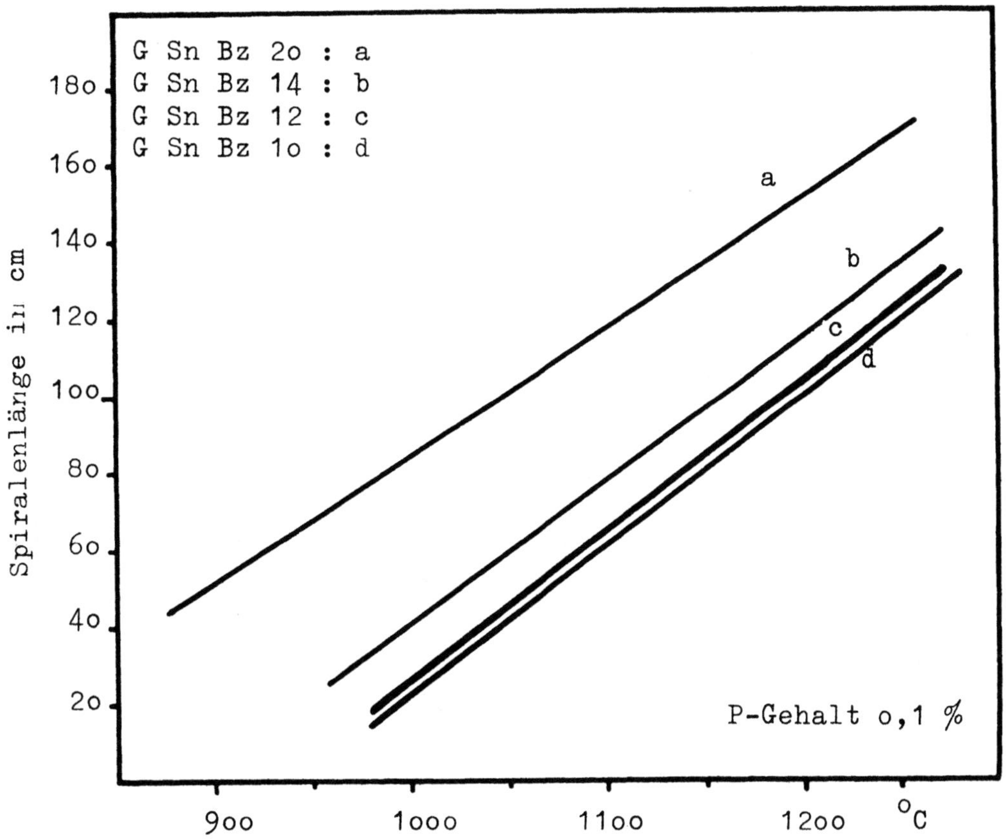

A b b i l d u n g 19
Einfluß der Gießtemperatur auf die Fließbarkeit von Gußzinnbronzen

VIII. Einfluß des Zinngehaltes auf die Fließbarkeit von Zinnbronzen

Es ist bereits festgestellt worden, daß die Fließbarkeit von Zinnbronzen mit höheren Zinngehalten zunimmt. Diese Beziehung kommt in Abbildung 21 zum Ausdruck. Es zeigt sich, daß ein zunächst schwacher Anstieg bei etwa 12 % Sn in einen steileren, linear verlaufenden übergeht. Dies gilt bei konstanten Gießtemperaturen und Phosphorgehalten. Eine Arbeit von SAITO und K. HAYASHI (13) auf dem gleichen Gebiet zeigt rein qualitativ denselben Verlauf. Wegen der Verschiedenheit der Versuchsbedingungen ist ein quantitativer Vergleich jedoch nicht möglich.

Im System Cu - Sn sinkt die Liquidustemperatur mit steigenden Zinngehalten ab. Bei Cu - Sn-Legierungen, die mit konstanter Gießtemperatur, aber steigenden Zinnanteilen vergossen werden, wird also das Wärmegefälle zwischen Gieß- und Erstarrungstemperatur immer größer. Gleichzeitig vergrößert sich bis etwa 12 % aber auch das Erstarrungsintervall. Diese

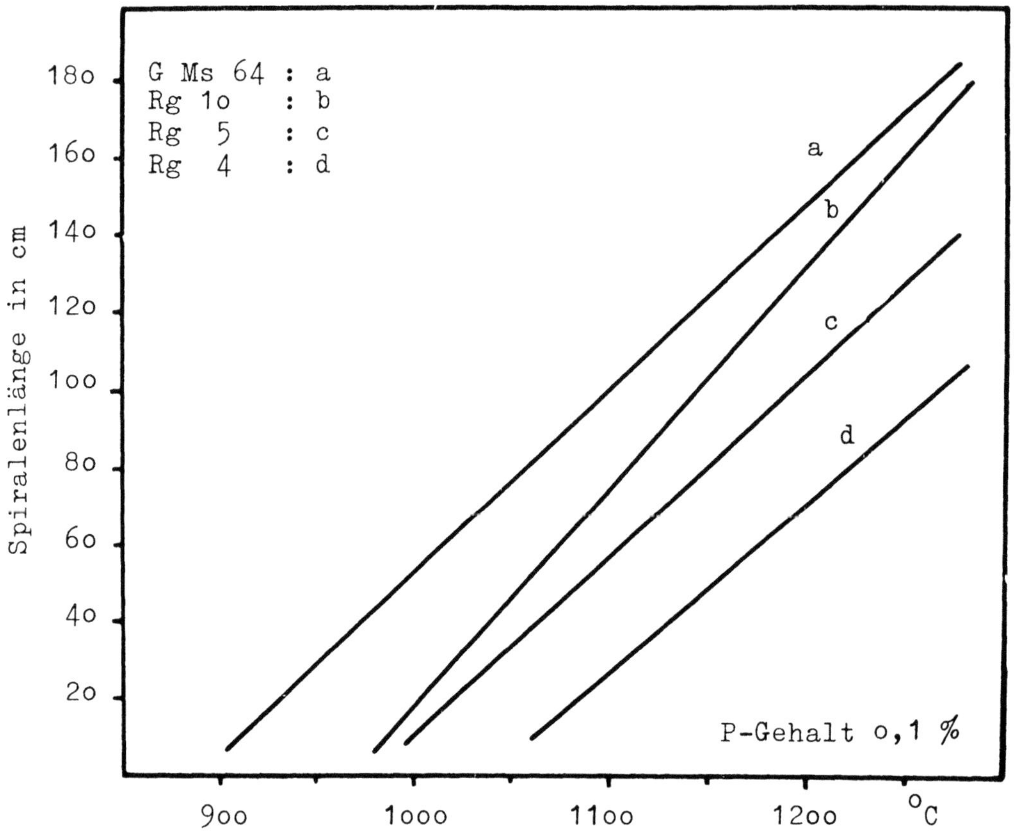

A b b i l d u n g 2o

Einfluß der Gießtemperatur auf die Fließbarkeit von Messing und Rotgußlegierungen

beiden Vorgänge beeinflussen die Fließbarkeit der Legierungen in entgegengerichteter Weise, so daß, wenn beide Faktoren gleich groß sind, der Einfluß des steigenden Zinngehaltes Null ist. Über 12 % hinaus verringert sich jedoch das Erstarrungsintervall, so daß sich nunmehr beide Einflüsse addieren, was in einem starken Anstieg der Fließbarkeit mit steigendem Zinngehalt zum Ausdruck kommt.

IX. Einfluß des Phosphors und des Zinns auf die Abhängigkeit der Fließbarkeit von der Gießtemperatur

Aus Abbildung 19 ist zu ersehen, daß die Abhängigkeit der Fließbarkeit von der Gießtemperatur bei den verschiedenen Zinnbronzen angenähert parallel verläuft. Betrachtet man diese Geraden bei verschiedenen Phosphorgehalten, so ergeben sich Werte, die in folgender Tabelle wiedergegeben sind.

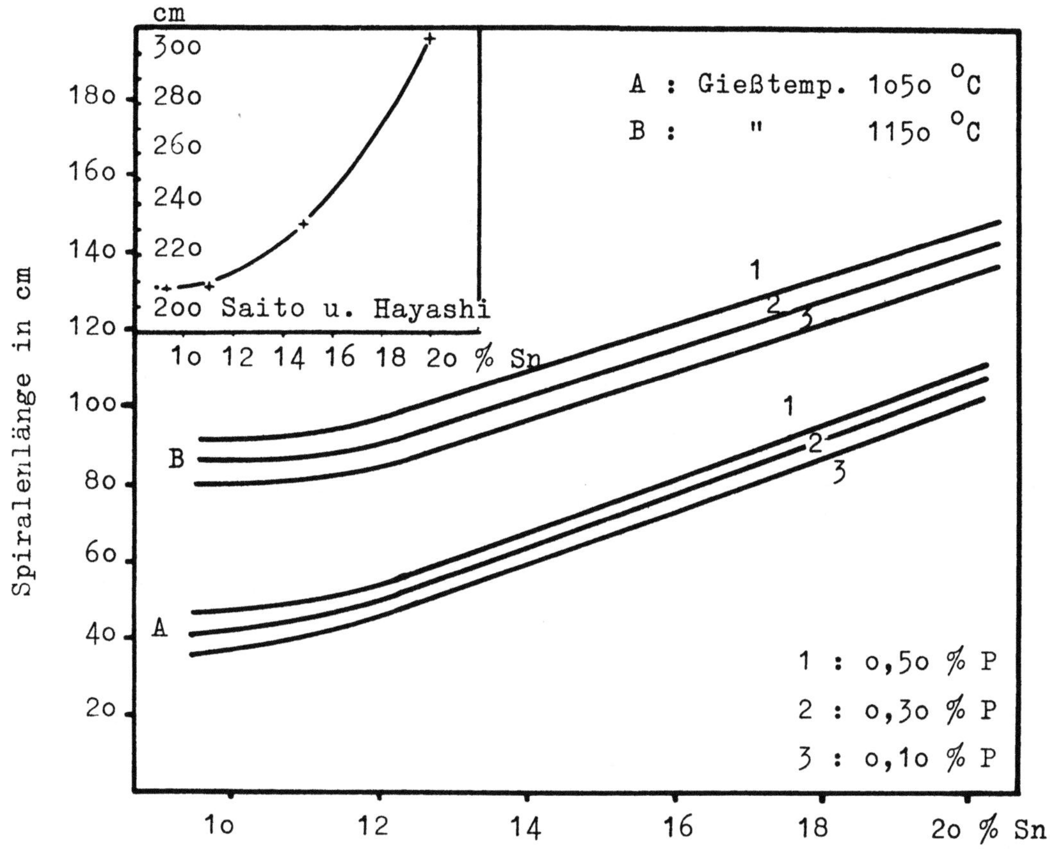

Abbildung 21

Einfluß des Zinngehaltes auf die Fließbarkeit von Gußzinnbronzen

Anstieg tg α der Beziehung Gießtemperatur-Fließbarkeit bei verschiedenen Zinn- und Phosphorgehalten

% P	Anstieg tg α bei % Sn			
	10	12	14	20
0,0	0,38	0,38	0,37	0,32
0,1	0,39	0,39	0,38	0,33
0,2	0,40	0,40	0,39	0,34
0,3	0,41	0,41	0,40	0,35
0,4	0,42	0,42	0,41	0,36
0,5	0,43	0,43	0,42	0,37

Es ergibt sich ein klarer, linearer Einfluß des Phosphors auf den Anstiegswinkel. Der tg α, d.i. die Zunahme der Fließbarkeit in cm pro Grad

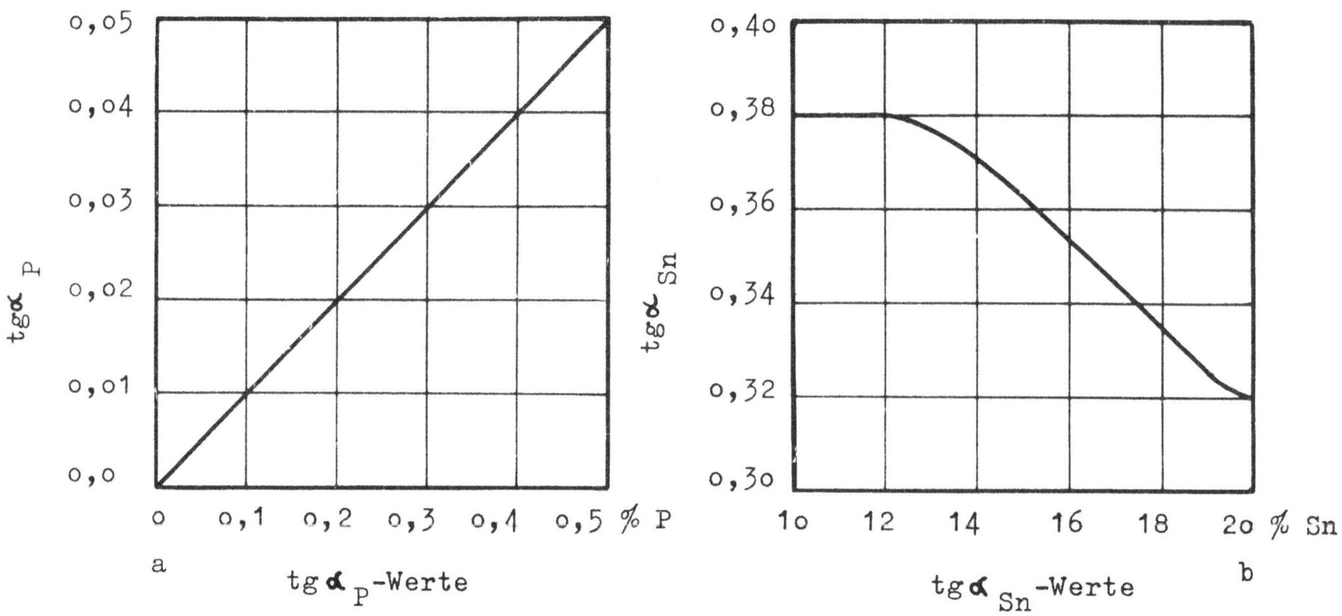

A b b i l d u n g 22

tg α_P- und tg α_{Sn}- Werte für Gußzinnbronzen mit 1o bis 2o % Sn und o,o bis o,5 % P

Celsius Temperaturerhöhung, erhöht sich bei Zugabe von o,1o % Phosphor um o,o1. Diese Beziehung ist in Abbildung 22 links dargestellt.

Zur Ermittlung der tg α - Werte der phosphorfreien Bronzen wurden die Geraden in Abbildung 9 - 12 bis zum Schnitt mit der Ordinate geradlinig extrapoliert, es wurde also angenommen, daß Beeinträchtigungen der Fließbarkeit durch Oxydation nicht vorliegen. Zeichnet man nun die Fließbarkeit in Abhängigkeit von der Gießtemperatur unter Berücksichtigung verschiedener Phosphorgehalte auf, so erhält man ein fächerartiges Auseinanderstreben der Geraden einer Legierung, wie es Abbildung 23 für G Sn Bz 2o und G Sn Bz 14 zeigt. Die Strahlen einer Legierung haben einen Schnittpunkt, der für alle Cu - Sn - Legierungen zwischen 1o und 2o % Sn bei 85o °C liegt. Das heißt mit anderen Worten, bei einer Gießtemperatur von 85o °C ist der Phosphorgehalt ohne Einfluß auf die Fließbarkeit. Steigt die Gießtemperatur darüber hinaus, so bewirkt der Phosphor die oben erwähnte Vergrößerung des Anstiegwinkels, was sich in den Spiralenlängen umso stärker auswirkt, je höher die Gießtemperatur liegt. Dieses ist auch in Abbildung 19 zu erkennen, wo die Kurven gleichen Phosphorgehaltes umso weiter voneinander entfernt sind, je höher die Gießtemperatur ist.

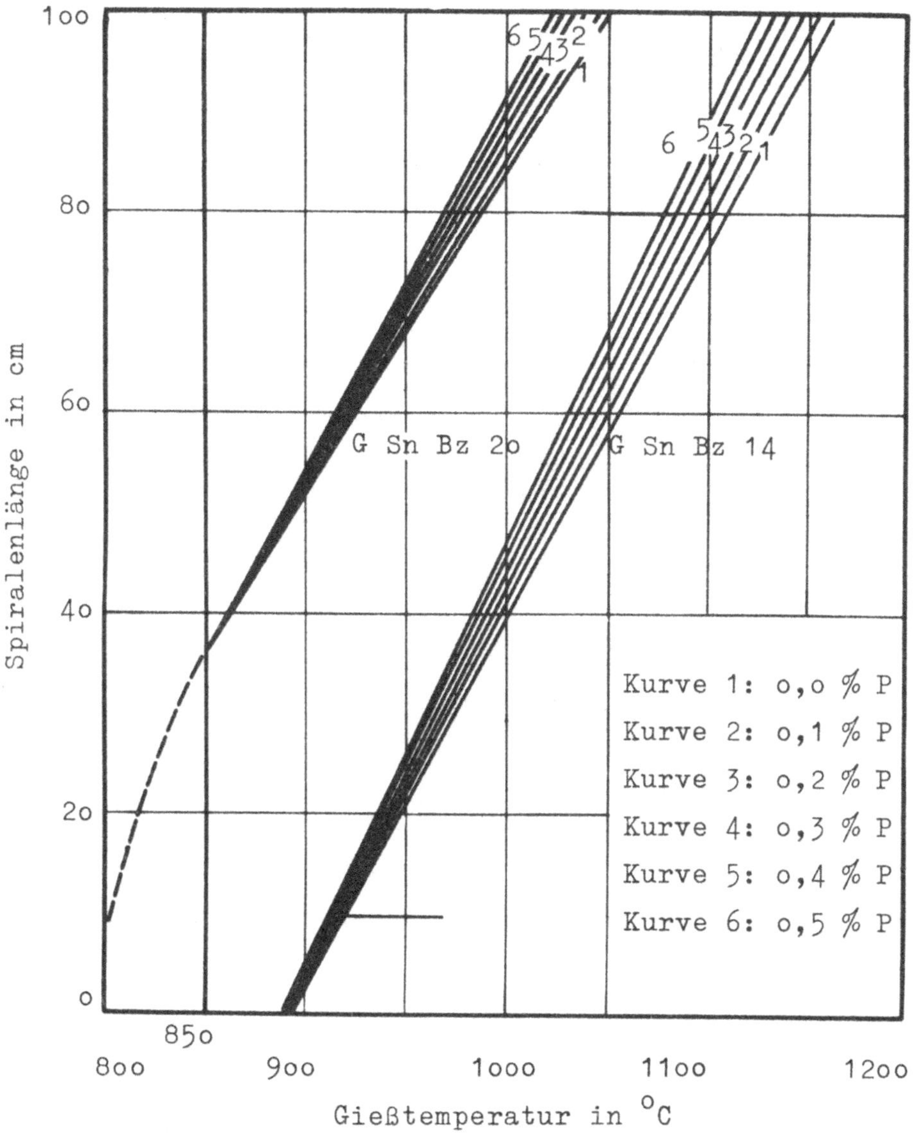

A b b i l d u n g 23

Einfluß des Phosphors auf die Abhängigkeit der Fließbarkeit von der Gießtemperatur bei G Sn Bz 2o und 14

Es ist nun von Interesse, die Fließbarkeit der betrachteten Legierungen bei 85o °C zu kennen. Mittels der in den Abbildungen 19 und 21 dargestellten Beziehungen hat die Fließbarkeitskurve einen Verlauf, der denen in Abbildung 21 parallel ist. Diese Kurve (Abb. 24) gilt gemäß den oben verfolgten Gedankengängen für alle Phosphorgehalte zwischen o,o und o,5 %, da die Fließbarkeit bei 85o °C vom Phosphorgehalt nicht beeinflußt wird.

Es muß natürlich verwundern, daß die Fließbarkeit bei 85o °C erst ab 16 %

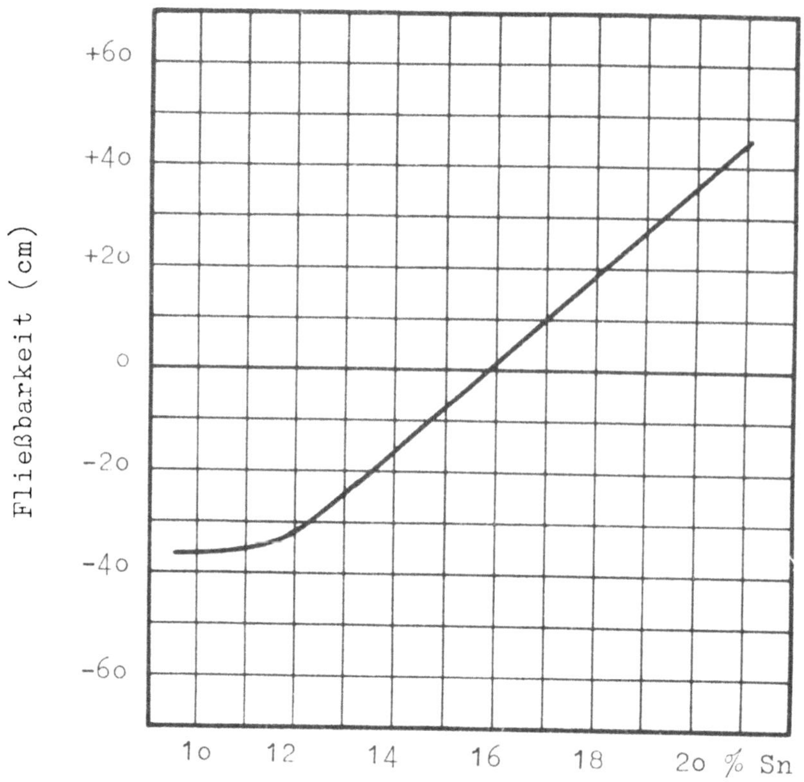

A b b i l d u n g 24

Fließbarkeitswerte bei 85o °C (A-Werte) von Gußzinnbronzen zwischen 1o und 2o % Sn

Zinn einen positiven Wert annimmt. Eine Fließbarkeit mit negativen Vorzeichen erscheint aber ohne einen realen Sinn.

Bedenkt man jedoch, daß die Fließbarkeit F = 0 cm doch bedeutet, daß die Schmelze aufhört, in einem bestimmten betrachteten Querschnitt zu fliessen, daß sie also noch keineswegs völlig erstarrt ist, sondern noch in einem mehr oder weniger breiigen Zustand vorliegt; bedenkt man ferner, daß die Fließbarkeit nur eine der äußeren Erscheinungsformen darstellt, die uns die Änderung der inneren Energie einer Schmelze anzeigt, dann reiht sie sich ein in die Kette der mit den Temperaturänderungen verbundenen Energieverschiebungen und -umwandlungen, und sie ist weiter nichts als eine Zustandsgröße eines Aggregatzustandes, und wenn sie den Wert Null erreicht, dann vollzieht sich der Übergang in eine entsprechende Größe des festen Zustandes, die hier ihr Maximum erreicht. Es erscheint ebenfalls nicht sicher, daß die Abhängigkeit der Fließbarkeit von der Gießtemperatur unterhalb 85o °C geradlinig fortläuft. Eine Extrapolation auf die Abszisse in Abbildung 19 würde für eine Bronze mit 20 % Sn einen Fließbarkeitswert von Null cm bei einer Temperatur von 740 °C ergeben, was bedeutet, daß die Fließbarkeit aufhört bei einer Temperatur, die etwa 60 °C unter der Temperatur des Peritektikums liegt. Gleichwohl liegt auch dieses bei starken Unterkühlungen des Systems im Bereich der Möglichkeit. Im Augenblick mag es jedoch genügen, den Wert für die Fließbarkeit bei 850 °C als eine abstrakte Größe aufzufassen, die positive und negative Werte annehmen kann. Es bleibt jetzt noch die Frage offen:

Was geschieht in Zinnbronzen bei 850 °C mit dem Phosphor, gleichgültig, ob die Legierung bei dieser Temperatur im festen oder im flüssigen Zustand vorliegt?

Wenn man die Fließbarkeit bei 850 °C als einen Basiswert A betrachtet, so gelingt es, die Fließbarkeit aller Zinnbronzen zwischen 10 und 20 % Sn bei jeder beliebigen Gießtemperatur aus einer einfachen Formel zu berechnen.

Sie lautet:

$$F = A + (\mathrm{tg}\,\alpha_{Sn} + \mathrm{tg}\,\alpha_{P}) \cdot (t - 850) \; (\mathrm{cm})$$

Aus derselben Gleichung ergibt sich die für eine bestimmte Fließbarkeit erforderliche Gießtemperatur:

$$t = \frac{F - A}{\mathrm{tg}\,\alpha_{Sn} + \mathrm{tg}\,\alpha_{P}} + 850 \; (^{\circ}\mathrm{C})$$

Darin bedeuten: F = Fließbarkeit (cm)

A = Fließbarkeit bei 850 °C (cm)

$\mathrm{tg}\,\alpha_{Sn}$ = Zunahme der Fließbarkeit pro Grad für einen bestimmten Sn - Gehalt (cm/°C)

$\mathrm{tg}\,\alpha_{P}$ = Zunahme der Fließbarkeit pro Grad für einen bestimmten P - Gehalt (cm/°C)

t = Gießtemperatur (°C)

Da die Fließbarkeitswerte bei 1050 °C und 1150 °C durch die Versuche bekannt sind, lassen sich die Werte für $\mathrm{tg}\,\alpha_{Sn}$ für alle Legierungen zwischen 10 und 20 % Zinn berechnen. Sie sind in Abbildung 22 wiedergegeben. Die bereits gefundenen experimentellen Werte liegen genau auf dem Kurvenzug. Da der $\mathrm{tg}\,\alpha_{P}$ zahlenmäßig gerade 1/10 des Phosphorgehaltes in Prozent beträgt, läßt sich die Formel noch etwas vereinfachen:

$$F = A + (\mathrm{tg}\alpha_{Sn} + 0{,}1\ P) \cdot (t - 850)\ (\mathrm{cm})$$

$$\text{und } t = \frac{F - A}{\mathrm{tg}\alpha_{Sn} + 0{,}1\ P} + 850\ (^{o}C)$$

Um für eine bestimmte Cu - Sn - Legierung eine bestimmte Fließbarkeit zu erreichen, errechnet sich der erforderliche Phosphorgehalt zu:

$$P = 10 \cdot \left(\frac{F - A}{t - 850} - \mathrm{tg}\alpha_{Sn}\right)\ (\%)$$

Diese Berechnungsformel gilt für saubere, gas- und oxydfreie Schmelzen. Außerdem gilt sie nur für die beim Gießen der Formmaskenspiralen vorliegenden Versuchsbedingungen, wie Formstoff, Formquerschnitt und hydrostatischer Druck. Eine Veränderung dieser Bedingungen bewirkt eine Verschiebung der A-Werte in senkrechter Richtung (Abb. 23), so daß bei Veränderung der Versuchsbedingungen der A-Wert neu zu bestimmen ist. Der A-Wert enthält also noch alle Variablen, die in der Formel unberücksichtigt sind.

Immerhin scheint es gelungen, die Beziehungen zwischen Fließbarkeit, Zinngehalt, Phosphorgehalt und Gießtemperatur bei den Zinnbronzen des rein empirischen Charakters zu entkleiden.

X. Fließbarkeit und Zustandsdiagramm

Mit Hilfe der Formel ist es nunmehr möglich, die Fließbarkeit von Zinnbronzen zu ermitteln, die bei einem konstanten Abstand der Gieß- von der Liquidustemperatur vergossen sind. Die Ergebnisse bei verschiedenen Phosphorgehalten sind in Abbildung 25 wiedergegeben. Als Gießtemperatur wurde 50 °C über der Liquidustemperatur angenommen. Zum Vergleich ist die Größe des Erstarrungsintervalls aufgetragen. Es zeigt sich, daß die Regel von A. PORTEVIN und P. BASTIEN (3), wonach sich die Fließbarkeit reziprok zur Größe des Erstarrungsintervalls verhält, in vollem Maße zutrifft.

Mit steigenden Phosphorgehalten steigt, wie schon früher beobachtet, die Fließbarkeit, da in Bezug auf das System Kupfer-Zinn die Liquidustemperatur erniedrigt wird und dadurch relativ die Gießtemperatur steigt. Bei steigenden Zinngehalten über 12 % wird der Einfluß des Phosphors geringer, so daß die Kurven verschiedenen P-Gehaltes im Maximum der Fließbarkeit

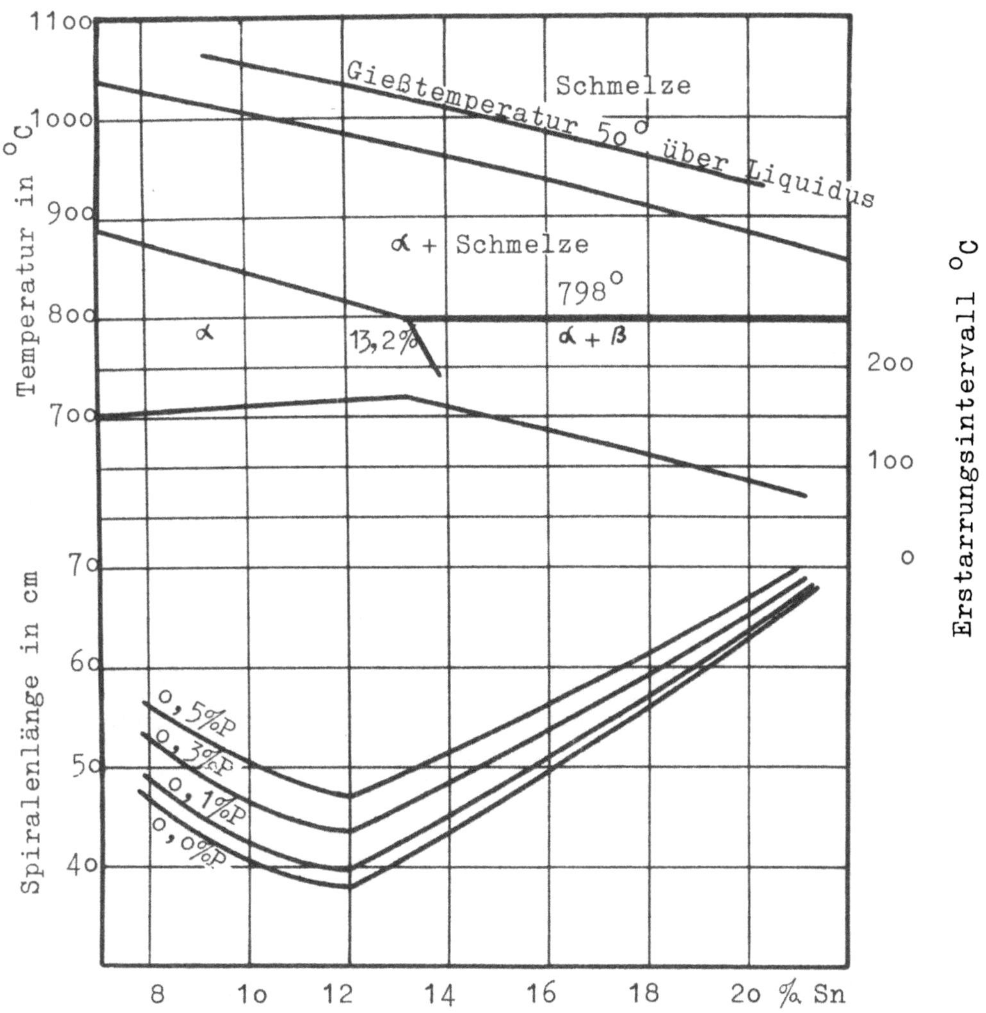

A b b i l d u n g 25
Erstarrungsintervalle und Fließbarkeit von Gußzinnbronzen verschiedenen Phosphorgehaltes bei Gießtemperaturen 5o °C über der Liquidustemperatur

praktisch zusammentreffen werden, bzw. sich nur um den Betrag der Neigung der peritektischen Linie im ternären System unterscheiden.

Das Minimum bei 12 % Zinn weist jedoch eine Abweichung vom Maximum des Erstarrungsintervalls auf, das im Zustandsdiagramm bei 13,2 % Sn liegt. Das bedeutet eine Verschiebung um 1,2 % zur Kupferseite hin. Diese Verschiebung des maximalen Erstarrungsintervalls ist auch an anderen Legierungen beobachtet worden. W. PATTERSON (6) hat sich eingehend damit befaßt und die Vorgänge bei der Mischkristallseigerung untersucht.

Es ist seit langem bekannt, daß die Zinnbronzen stark zur Mischkristallseigerung neigen. So zeigen Legierungen mit 5 - 6 % Zinn im Gefüge bereits δ - Phase, obwohl nach dem Zustandsschaubild das Gebiet des homogenen Mischkristalls bis 13,2 % Zinn reicht. Durch ein Homogenisierungsglühen kommt die δ - Phase zur Auflösung.

W. PATTERSON hat den Mechanismus der Mischkristallseigerung am System Al - Si erklärt. Es dürfte hier einfacher sein, diese Vorgänge im System Cu - Sn darzustellen, wo sie genau die gleichen sind. Eine G Sn Bz 12 beginnt bei etwa 990 °C mit der Erstarrung. Die zuerst abgeschiedenen Kristalle sind sehr arm an Zinn. Um diesen Kern scheiden sich mit sinkender Temperatur Schichten ab, die immer reicher an Zinn werden.

Infolge ungenügender Diffusion im Mischkristall findet nur ein geringer Konzentrationsausgleich statt. Da sich jedoch die Schmelze durch das Ausbleiben der Diffusion im Mischkristall an Zinn immer mehr anreichert, erreicht die Restschmelze die Konzentration der β - Phase, die jedoch einen wesentlich tieferen Erstarrungspunkt hat. Diese Konzentrationsverschiebung führt zur Ausbildung der "wirksamen Solidustemperatur", die in einem tieferen Temperaturbereich als die wahre Soliduslinie liegt (Abb. 26).

Gleichzeitig verschiebt sich das maximale Erstarrungsintervall zur Kupferseite hin.

Dieser Ungleichgewichtszustand hat noch weitere Auswirkungen. Die wirksame Soliduslinie gibt neben der Temperatur beendeter Erstarrung auch die Gesamtkonzentration der abgeschiedenen Mischkristalle an. Diese hat sich im Vergleich zur theoretischen Kristallkonzentration bei gleicher Temperatur zu niedrigeren Zinnanteilen verschoben. Daraus folgt, daß die Schmelze eine entsprechend höhere Konzentration an Zinn aufweisen muß. Der Konzentrationsverlauf wird höhere Zinngehalte durchlaufen, als es bei einer Schmelze gleicher Zusammensetzung im Gleichgewicht der Fall ist. Dies ist in Abbildung 27 durch die Linie der "wahren Konzentration der Schmelze" angedeutet. Diese wahre Konzentration der Schmelze steht im Gleichgewicht mit der "scheinbaren Kristallkonzentration", d.h. mit der Konzentration des Mischkristalls an der Kontaktfläche mit der Schmelze. Diese ist jedoch im Falle der Seigerung stets reicher an Zinn als die Gesamtkonzentration, wodurch die Linie der wirksamen Solidustemperatur nicht mit der Linie der scheinbaren Kristallkonzentration zusammenfallen

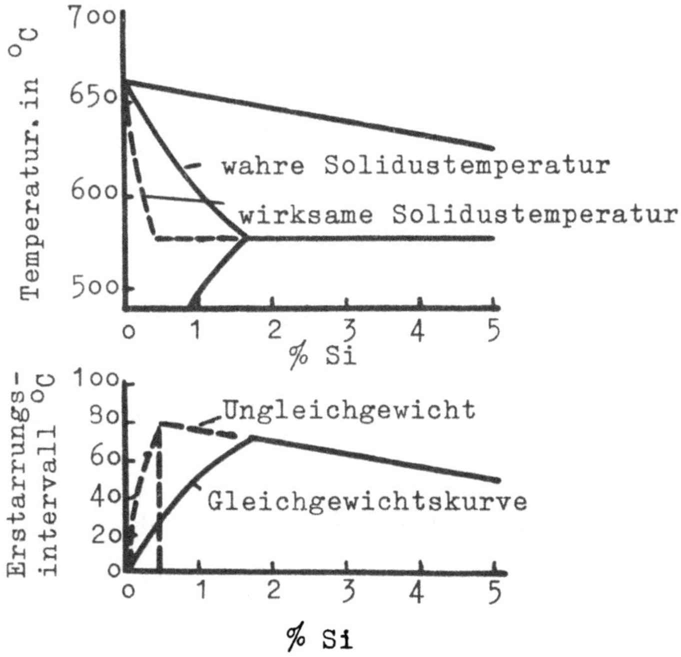

Abbildung 26

Solidustemperaturen und Erstarrungsintervall im System Aluminium-Silizium unter Gleichgewichtsbedingungen bei starker Kornseigerung (nach W. PATTERSON)

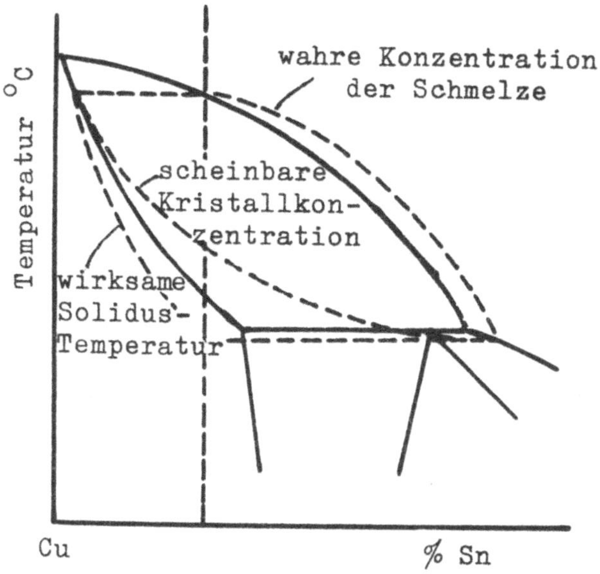

Abbildung 27

Erstarrungsverlauf und scheinbare Kristallkonzentrationen in korngeseigerter Zinnbronze

kann. Die Linie der scheinbaren Kristallkonzentrationen muß im Punkte völliger Erstarrung mit der Endkonzentration der Schmelze zusammenfallen. Dieser Punkt hat sich durch den größeren Zinnanteil der Schmelze zu tieferen Temperaturen verschoben, was einer Erniedrigung der peritektischen Temperatur gleichkommt.

Die Seigerung der Mischkristalle hat also zwei wichtige Effekte:

1. Das maximale Erstarrungsintervall wird zu niedrigeren Legierungsanteilen verschoben.
2. Die peritektische Temperatur wird erniedrigt, wodurch das System unterkühlt wird.

Abbildung 25 gibt die Auswirkung gemäß Punkt 1 sehr anschaulich wieder. Die Unterkühlung des Systems kann man gut erkennen, wenn man die Werte der Fließbarkeit gleich Null setzt.

Abbildung 28 gibt die Temperaturen an, bei denen die Schmelze bei verschiedenen Zinngehalten in der Gießspirale nach Ph. SCHNEIDER aufhört zu fließen. Danach liegt die Temperatur des beendeten Fließens bei allen Zinnbronzen über 18 % Sn unterhalb der peritektischen Temperatur von 798 °C. Die Kurve fällt sehr steil ab und weist bei 2o % Sn schon eine Unterkühlung von etwa 6o °C auf.

Es muß jedoch unbedingt beachtet werden, daß die Lage dieser Kurve stark vom Gießquerschnitt abhängig sein wird.

R.H. GREAVES (11) stellte fest, daß die Fließbarkeit mit wachsendem Gießquerschnitt größer wird, d.h. der Punkt, an dem die Fließbarkeit Null wird, verschiebt sich zu tieferen Temperaturen und nähert sich damit der Soliduslinie.

XI. Kristallisation und Bildung der Spiralenspitze

Die Frage der Kristallisation in der Gießspirale haben E. LIPS und H. NIPPER (22) untersucht, indem sie heiße, gesättigte KNO_3-Lösungen in Glasspiralen vergossen. Dabei stellten sie fest, daß die Kristallisation an der Spitze des voreilenden Flußes begann, die Fließgeschwindigkeit hemmte und den Fluß schließlich zum Stillstand brachte. Darauf pflanzte sich die Kristallisationsfront nach rückwärts fort, bis die durch den Temperaturabfall entstehende Übersättigung der Lösung aufgehoben war.

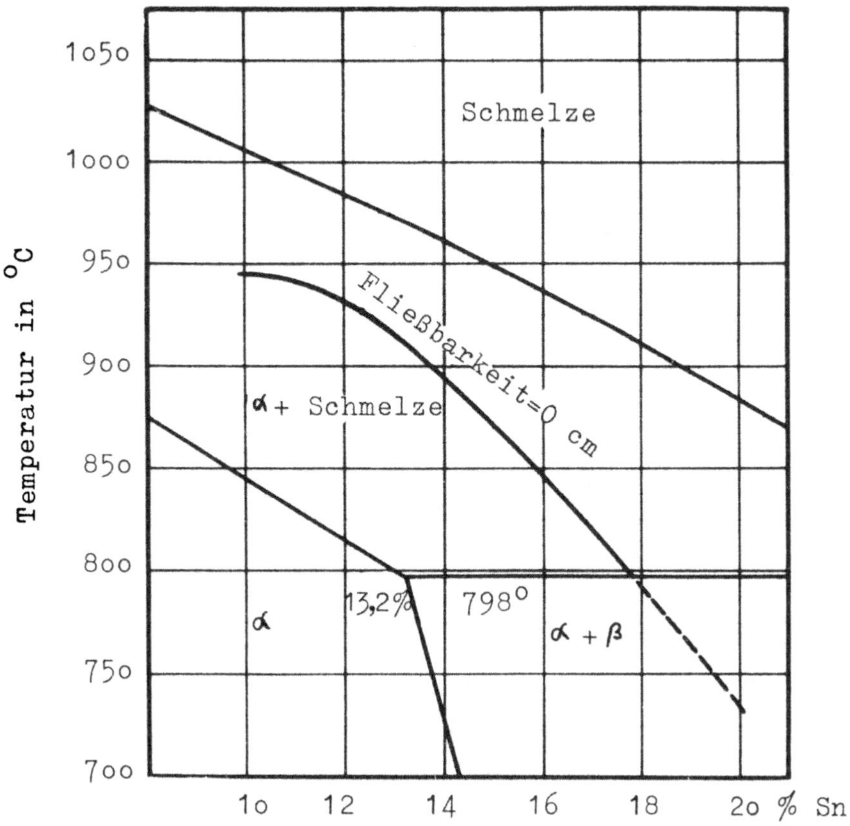

A b b i l d u n g 28

O-Werte der Fließbarkeit von Gußzinnbronzen zwischen 1o und 2o % Zinn

Bei Versuchen mit Metallschmelzen fand G. SAUR (21) im System Al - Cu, daß die Schmelzen bei Erreichen einer bestimmten Temperatur durch Kristallisation an der Formwand einen Schlauch ausbilden, der sich zuerst langsam und dann sehr rasch verengt, bis er an der Spitze eine düsenartige Öffnung ausbildet, durch die das nur noch träge nachfließende Metall hindurchströmt und die Spiralenspitze ausbildet. Die Spiralenspitzen bei den in dieser Arbeit untersuchten Kupferlegierungen können auf diesem Wege nicht entstanden sein. Hier bestehen die Spiralenspitzen aus einem dicken Metalltropfen, der durch einen mehr oder weniger langen, dünnen Metallschlauch mit dem Gußstück verbunden ist. Diese Erscheinung deutet auf eine gewaltsame Ausbildung der Vorlaufspitze. Zinnbronzen haben nach Untersuchungen von F. WÜST (23) zwischen 1ooo und 83o °C einen positiven Schwindungskoeffizienten, d.h. beim Abkühlen in diesem Temperaturbereich dehnen sie sich aus. Es sind aber noch große Teile der Schmelze flüssig. Ist nun die Schmelze zum Stillstand gekommen, und an der Spiralenspitze hat sich eine dünne Gußhaut gebildet, so übt das sich ausdehnende Metall einen starken Druck auf den noch flüssigen Teil der Schmelze aus, der so groß wird, daß der Metallschlauch an seiner schwächsten Stelle, der Spiralenspitze, aufgesprengt wird. Das flüssige Metall wird aus der Spiralenspitze "herausgeschossen". Es entsteht ein Metallpfropfen, der durch einen dünnen Metallschlauch mit der Gießspirale verbunden ist. Die Zunahme der Vorlauflänge mit steigendem Zinngehalt, entsprechend einer Vergrößerung des Anteils flüssigen Metalls im Bereich des Wachsens der Legierungen, ist zu erkennen.

XII. Einfluß des Phosphor- und Zinngehaltes auf das spezifische Gewicht von Schwermetallen

Steigende Phosphorgehalte bewirken im Gußzustand bei allen untersuchten Kupferlegierungen einen schwachen linearen Abfall der spezifischen Gewichte. Phosphorzugaben zu reinem Kupfer zeigen das gleiche Bild, wie HEYN und BAUER (24) berichten. Die Ergebnisse der vorliegenden Arbeit sind in Abbildung 29 und 3o wiedergegeben.

Steigende Zinngehalte bei den Zinnbronzen im Gußzustand erhöhen das spezifische Gewicht in dem untersuchten Bereich zwischen 1o und 2o % Zinn, wie Abbildung 31 zeigt, linear über die Werte des reinen Kupfers hinaus. Ähnliches fanden LANDOLT - BÖRNSTEIN (26) und THURSTON (24). Auch E. RAUB, F. DISTEL und M. MARCHAND (27) berichten in gleichem Sinne.

XIII. Einfluß des Phosphors auf die elektrische Leitfähigkeit von Schwermetallen

Über die elektrische Leitfähigkeit von Kupferlegierungen mit höheren Legierungsanteilen liegen bisher recht wenige Angaben vor, da diese Legierungen als Leitmetalle nicht in Frage kommen. Über den Einfluß von Phosphor auf die elektrische Leitfähigkeit von Kupfer berichten übereinstimmend zahlreiche Forscher, u.a. WILKINS und BUNN (28) und W. GUERTLER (25). Danach wird die elektrische Leitfähigkeit von Kupfer durch geringe Phosphorgehalte bereits außerordentlich stark erniedrigt. Einen grundsätzlich ähnlichen Kurvenverlauf bewirkt er auch bei Kupferlegierungen, wie die Abbildungen 32 und 33 zeigen. Allgemein sind die Leitfähigkeitswerte sehr niedrig. Die Rotgußlegierungen und Messing liegen besser als

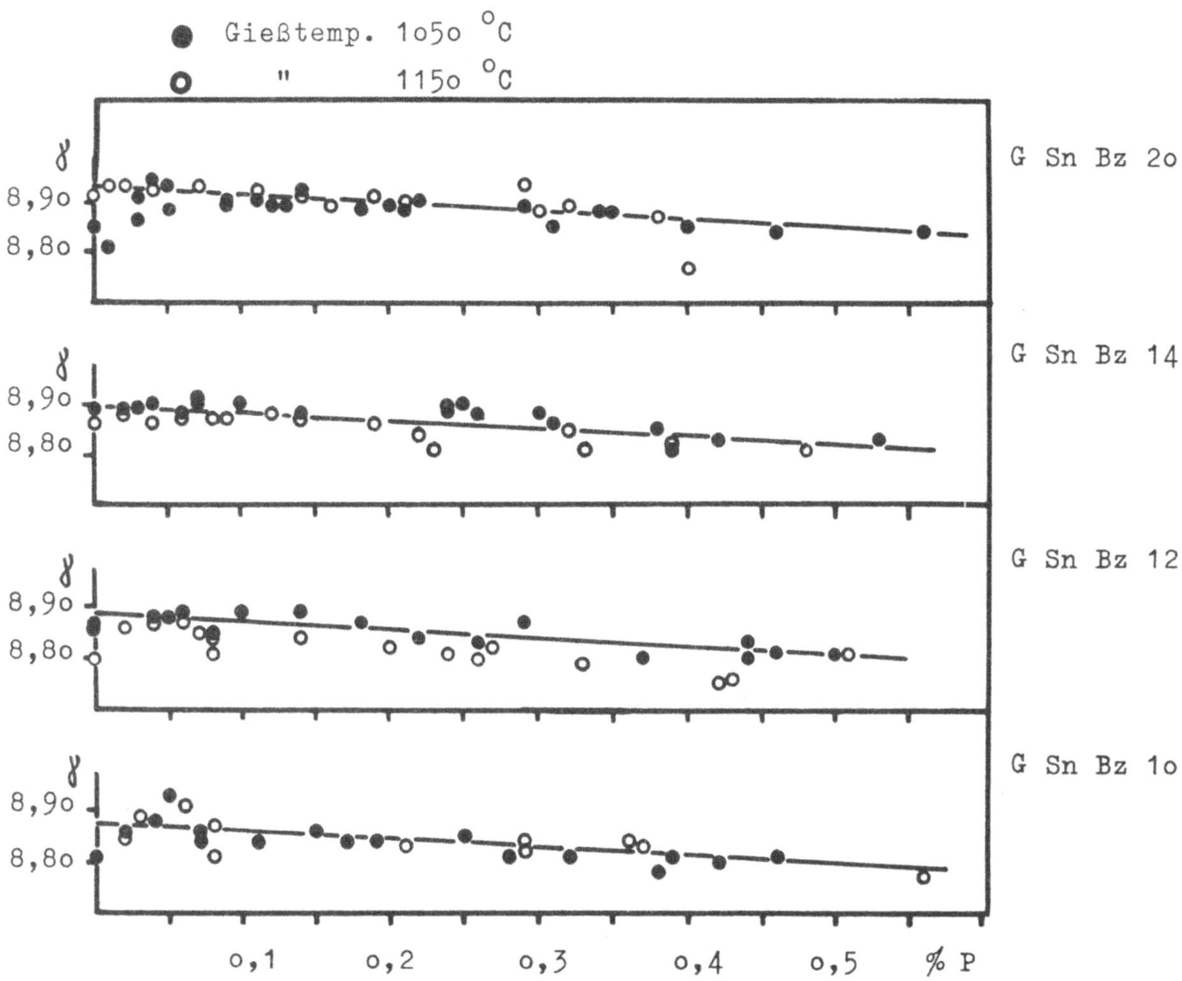

A b b i l d u n g 29

Einfluß des Phosphors auf das spezifische Gewicht von Gußzinnbronzen

die Bronzen. Die G Sn Bz 2o liegt völlig unterhalb des Meßbereiches des Sigmatest (untere Grenze 5 m/Ohm mm^2). Leitfähigkeitsmessungen von SMITHELLS (29) u.a. (3o) decken sich mit den hier gefundenen Werten.

XIV. Schlußfolgerungen

Die Formmaskenspirale nach Ph. SCHNEIDER eignet sich gut zur Bestimmung der Fließbarkeit.

Ausschlaggebend für eine genaue Messung ist eine möglichst große Empfindlichkeit der Meßeinrichtung für die Gießtemperatur. Die Schwierigkeit, die Temperatur dann zu erfassen, wenn das Metall in den Gießkanal einfließt, bedingt eine gewisse Ungenauigkeit der Meßergebnisse.

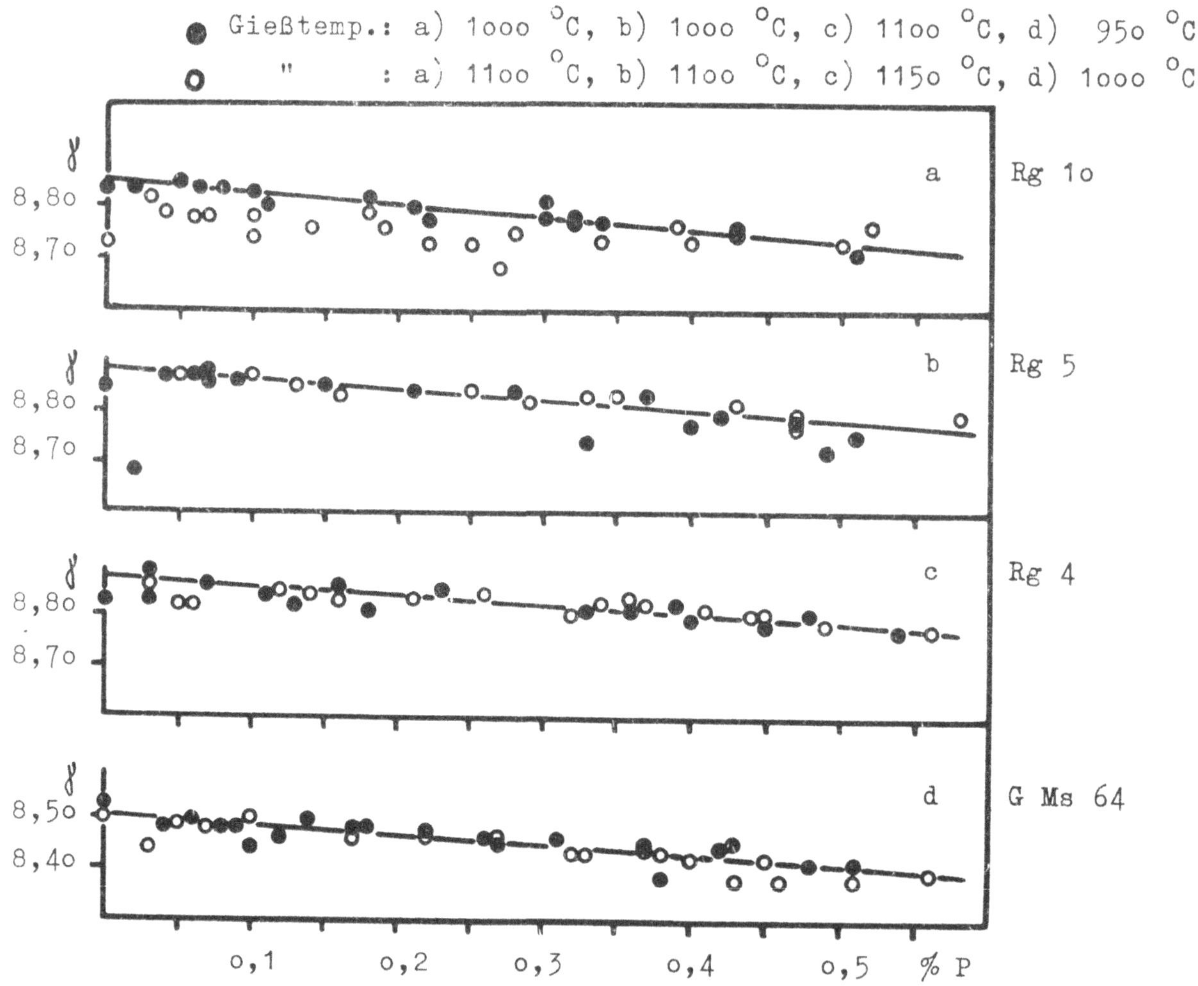

A b b i l d u n g 30
Einfluß des Phosphors auf das spezifische Gewicht von Messing und Rotgußlegierungen

Die Messung der Spiralenlänge läßt noch keine Rückschlüsse auf den Formfüllungsvorgang in normalen Gießformen zu. Hier ist vor allen Dingen der Einfluß der veränderlichen Formquerschnitte sowie der des Formstoffs zu beachten. Es dürfte wertvoll sein, im Hinblick auf die Verwendung der Gießspirale als technologisches Prüfverfahren in der Praxis, diese Einflüsse zu untersuchen.

Auch der Einfluß von Oxyden und Gasgehalten in Schmelzen ist in der Praxis von erhöhter Bedeutung.

Der Mechanismus der Desoxydation von Kupferlegierungen mit Phosphor ist bisher nur in seinen Umrissen bekannt. Eine genaue Untersuchung dieser Vorgänge wird die Anwendung des Phosphors und die damit verbundenen Möglichkeiten der Reinigung von Schmelzen noch erhöhen.

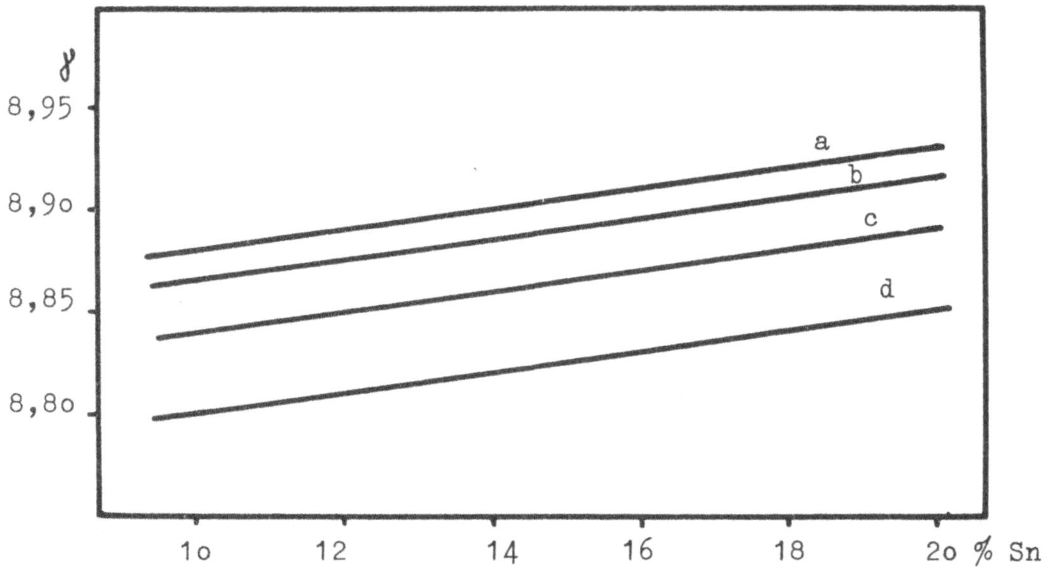

a : 0,00 % P c : 0,25 % P

b : 0,10 % P d : 0,50 % P

A b b i l d u n g 31

Abhängigkeit des spezifischen Gewichtes von Zinnbronzen vom Zinngehalt

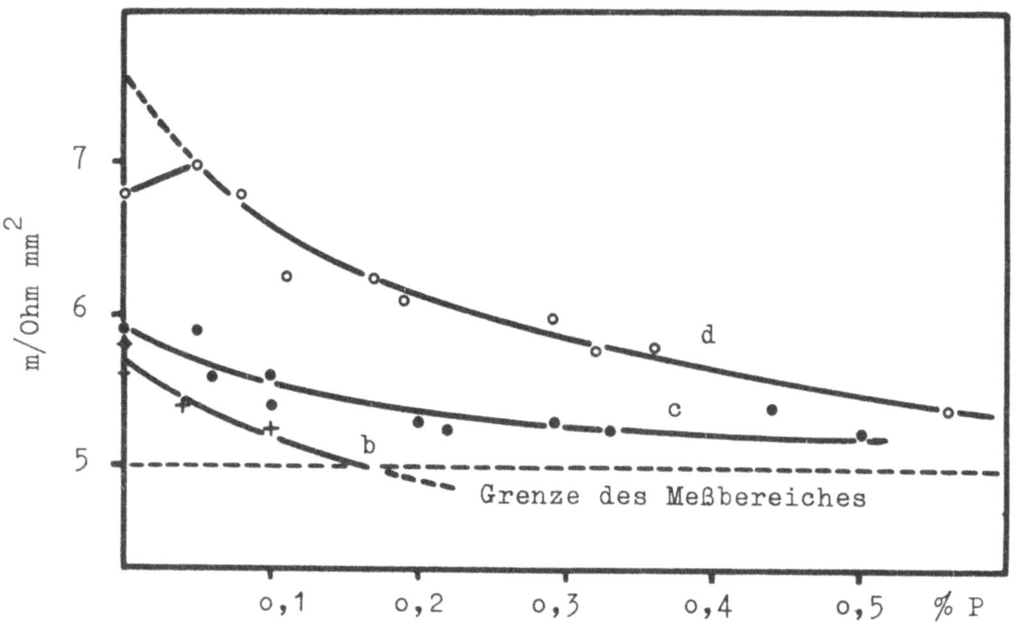

a : G Sn Bz 20 <5 c : G Sn Bz 12

b : G Sn Bz 14 d : G Sn Bz 10

A b b i l d u n g 32

Einfluß des Phosphors auf die elektrische Leitfähigkeit von Gußzinnbronzen

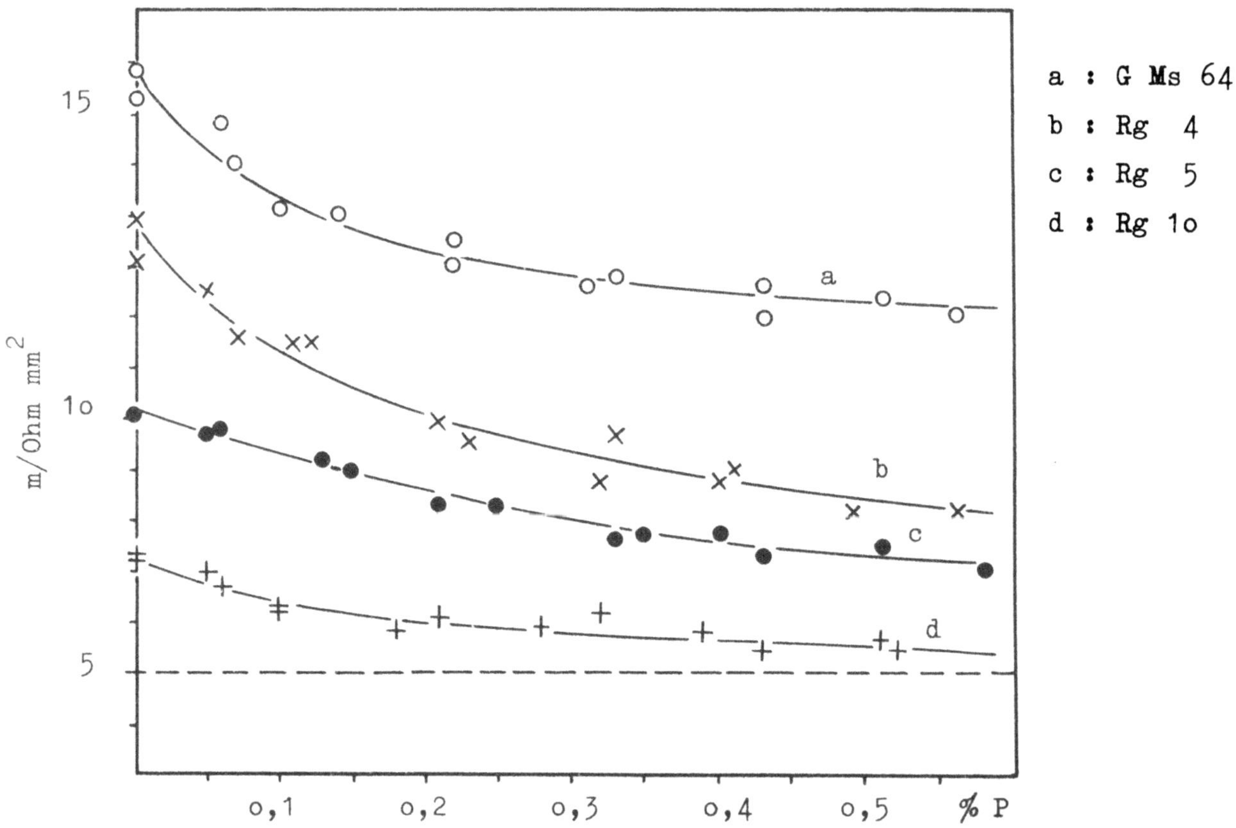

A b b i l d u n g 33
Einfluß des Phosphors auf die elektrische Leitfähigkeit von Messing und Rotgußlegierungen

XV. Zusammenfassung

Der Phosphor erhöht die Fließbarkeit von Kupferlegierungen. Es werden zwei Effekte beobachtet, die Verflüssigung von Oxydhäuten und ein reiner Legierungseffekt.

Die Fließbarkeit von Zinnbronzen steigt mit zunehmendem Zinngehalt bis 12 % langsam, darüber rasch an.

Die Fließbarkeit von Kupferlegierungen steigt mit der Gießtemperatur wahrscheinlich linear an.

Es wird eine Formel ermittelt zur Berechnung der Fließbarkeit von Zinnbronzen zwischen 1o und 2o % Zinn.

Die Fließbarkeit von Zinnbronzen, die bei konstantem Abstand der Gießtemperatur von der Liquidustemperatur vergossen werden, zeigt eine

Verschiebung des Minimums der Fließbarkeit gegen das maximale Erstarrungsintervall von 1,2 % zur Kupferseite hin. Diese Verschiebung ist auf Mischkristallseigerung zurückzuführen. Die Vorgänge werden diskutiert.

Das spezifische Gewicht von Kupferlegierungen sinkt mit steigendem Phosphorgehalt, es steigt bei Zinnbronzen mit zunehmendem Zinngehalt zwischen 1o und 2o %.

Die elektrische Leitfähigkeit von Kupferlegierungen sinkt mit steigendem Phosphorgehalt.

Den Herren Dr.-Ing. W. PATTERSON, Dr.-Ing. G. SCHWIETZKE und Ing. B. SCHWAB sei für ihre freundliche Unterstützung und wertvollen Rat bei der Durchführung dieser Arbeit herzlichst gedankt.

Dipl.-Ing. Günter MÜLLER, Köln-Mülheim

XVI. Literaturverzeichnis

(1) CLARK, K.L. Proc.Inst.Brit.Found. 1945-46, 39 A 52

(2) SCHNEIDER, Ph. Gießerei T.-W. Beihefte 6/8 März 1952, 379

(3) PORTEVIN, A. u. P. BASTIEN Compes Rendus 2o2, 1936, 1o72

(4) KONDIC, V. u. H.J. KOZLOWSKY Journ.Inst.Met. 75, 1948-49, S. 665

(5) PATTERSON, W. Gießerei 23, 1936, 4o5

(6) PATTERSON, W. Gießerei T.W.-Beihefte 12, 1953, 597

(7) GENDERS, R. Gießerei 24, 1937, 52o

(8) BRIGGS, C.W. Metals Handbook 1948, 199

(9) KONDIC, V. Foundry Trade Journal 29, Juni 195o, 691

(1o) DRATH, E. u. F. SAUERLAND Zeitschr. anorg. u. allgem. Chem. 162, 1927, 3o3

(11) GREAVES, R.H. Sec.Rpt. of the Steel Cast. Res. Com. of the Iron and Steel Inst., Spec. Rpt. No. 15, London 1936, 26

(12) PORTEVIN, A. u. P. BASTIEN Comptes Rendus 194, 1932, 85o

(13) SAITO, D. u. K. HAYASHI Gießerei 14, 1927, 354

(14) PILLING, N.B. u. T.E. KIHLGREN Trans AFA 4o, 1932-33, 293

(15) ANDREW, J.H. R.T. PERCIVAL G.T.C. BOTTOMLEY Sec. Rpt. of the Steel Cast.Res.Com. of the Iron and Steel Inst., Spec. Rpt. No. 15, London 1943, 43

(16) HANSON, D. u. W.T. PELL-WALPOLE Chill Cast Tin Bronces, London 1951, 66, 119

(17) JÄNECKE, Kurzgefaßtes Handbuch aller Legierungen, 1949, Heidelberg, 58o

(18) OELSEN, W. Gießerei T.W.-Beihefte März 1952, 383

(19)	BENRATH, A.	Die Nichtmetalle und ihre Verbindungen, 1922 W. de Gruyter & Co., 1o7
(2o)	PIWOWARSKY, E.	Zeitschr. f.Metallkunde, 34, 1942, 47
(21)	SAUR, G.	Diplomarbeit 1953, Gießerei-Institut der Techn.Hochschule Aachen
(22)	LIPS, E. u. H. NIPPER	Gießerei 25, 1938, 369
(23)		Bildarchiv d. Fa. J.G. Schwietzke, Metallwerke, Düsseldorf
(24)	PETERS, E. u. H. GROSSMANN	Chem. Technol. d. Neuzeit, Bd. II, 1. Teil, Stuttgart 1932, 123, 159
(25)	GUERTLER, W.	Zeitschr. anorg. Chem. 19o6, 51, 397
(26)	LANDOLT-BÖRNSTEIN	Physik. Chem. Tabellen, 1923, 5
(27)	RAUB, E., F. DISTEL u. M. MARCHAND	Gießerei, 1936, 111
(28)	WILKINS and BUNN	Copper and Copper Alloys, 1943, New York, S. 266
(29)	SMITHELLS	Metals Reference Book, 1949
(3o)		Hütte 27, 1949, Berlin, 85o - 854

FORSCHUNGSBERICHTE

DES WIRTSCHAFTS- UND VERKEHRSMINISTERIUMS

NORDRHEIN-WESTFALEN

Herausgegeben von Staatssekretär Prof. Leo Brandt

Heft 1:
Prof. Dr.-Ing. E. Flegler, Aachen
Untersuchungen oxydischer Ferromagnet-Werkstoffe

Heft 2:
Prof. Dr. W. Fuchs, Aachen
Untersuchungen über absatzfreie Teeröle

Heft 3:
Techn.-Wissenschaftl. Büro für die Bastfaserindustrie, Bielefeld
Untersuchungsarbeiten zur Verbesserung des Leinenwebstuhls

Heft 4:
Prof. Dr. E. A. Müller und Dipl.-Ing. H. Spitzer, Dortmund
Untersuchungen über die Hitzebelastung in Hüttebetrieben

Heft 5:
Dipl.-Ing. W. Fister, Aachen
Prüfstand der Turbinenuntersuchungen

Heft 6:
Prof. Dr. W. Fuchs, Aachen
Untersuchungen über die Zusammensetzung und Verwendbarkeit von Schwelteerfraktionen

Heft 7:
Prof. Dr. W. Fuchs, Aachen
Untersuchungen über emsländisches Petrolatum

Heft 8:
M. E. Meffert und H. Stratmann, Essen
Algen-Großkulturen im Sommer 1951

Heft 9:
Techn.-Wissenschaftl. Büro für die Bastfaserindustrie, Bielefeld
Untersuchungen über die zweckmäßige Wicklungsart von Leinengarnkreuzspulen unter Berücksichtigung der Anwendung hoher Geschwindigkeiten des Garnes
Vorversuche für Zetteln und Schären von Leinengarnen auf Hochleistungsmaschinen

Heft 10:
Prof. Dr. W. Vogel, Köln
„Das Streifenpaar" als neues System zur mechanischen Vergrößerung kleiner Verschiebungen und seine technischen Anwendungsmöglichkeiten

Heft 11:
Laboratorium für Werkzeugmaschinen und Betriebslehre, Technische Hochschule Aachen
1. Untersuchungen über Metallbearbeitung im Fräsvorgang mit Hartmetallwerkzeugen und negativem Spanwinkel
2. Weiterentwicklung des Schleifverfahrens für die Herstellung von Präzisionswerkstücken unter Vermeidung hoher Temperaturen
3. Untersuchung von Oberflächenveredlungsverfahren zur Steigerung der Belastbarkeit hochbeanspruchter Bauteile

Heft 12:
Elektrowärme-Institut, Langenberg (Rhld.)
Induktive Erwärmung mit Netzfrequenz

Heft 13:
Techn.-Wissenschaftl. Büro für die Bastfaserindustrie, Bielefeld
Das Naßspinnen von Bastfasergarnen mit chemischen Zusätzen zum Spinnbad

Heft 14:
Forschungsstelle für Acetylen, Dortmund
Untersuchungen über Aceton als Lösungsmittel für Acetylen

Heft 15:
Wäschereiforschung Krefeld
Trocknen von Wäschestoffen

Heft 16:
Max-Planck-Institut für Kohlenforschung, Mülheim a. d. Ruhr
Arbeiten des MPI für Kohlenforschung

Heft 17:
Ingenieurbüro Herbert Stein, M. Gladbach
Untersuchung der Verzugsvorgänge in den Streckwerken verschiedener Spinnereimaschinen. 1. Bericht: Vergleichende Prüfung mit verschiedenen Dickenmeßgeräten

Heft 18:
Wäschereiforschung Krefeld
Grundlagen zur Erfassung der chemischen Schädigung beim Waschen

Heft 19:
Techn.-Wissenschaftl. Büro für die Bastfaserindustrie, Bielefeld
Die Auswirkung des Schlichtens von Leinengarnketten auf den Verarbeitungswirkungsgrad, sowie die Festigkeit und Dehnungsverhältnisse der Garne und Gewebe

Heft 20:
Techn.-Wissenschaftl. Büro für die Bastfaserindustrie, Bielefeld
Trocknung von Leinengarnen I
Vorgang und Einwirkung auf die Garnqualität

Heft 21:
Techn.-Wissenschaftl. Büro für die Bastfaserindustrie, Bielefeld
Trocknung von Leinengarnen II
Spulenanordnung und Luftführung beim Trocknen von Kreuzspulen

Heft 22:
Techn.-Wissenschaftl. Büro für die Bastfaserindustrie, Bielefeld
Die Reparaturanfälligkeit von Webstühlen

Heft 23:
Institut für Starkstromtechnik, Aachen
Rechnerische und experimentelle Untersuchungen zur Kenntnis der Metadyne als Umformer von konstanter Spannung auf konstanten Strom

Heft 24:
Institut für Starkstromtechnik, Aachen
Vergleich verschiedener Generator-Metadyne-Schaltungen in bezug auf statisches Verhalten

Heft 25:
Gesellschaft für Kohlentechnik mbH., Dortmund-Eving
Struktur der Steinkohlen und Steinkohlen-Kokse

Heft 26:
Techn.-Wissenschaftl. Büro für die Bastfaserindustrie, Bielefeld
Vergleichende Untersuchungen zweier neuzeitlicher Ungleichmäßigkeitsprüfer für Bänder und Garne hinsichtlich ihrer Eignung für die Bastfaserspinnerei

Heft 27:
Prof. Dr. E. Schratz, Münster
Untersuchungen zur Rentabilität des Arzneipflanzenanbaues
Römische Kamille, Anthemis nobilis L.

Heft 28:
Prof. Dr. E. Schratz, Münster
Calendula officinalis L. Studien zur Ernährung, Blütenfüllung und Rentabilität der Drogengewinnung

Heft 29:
Techn.-Wissenschaftl. Büro für die Bastfaserindustrie, Bielefeld
Die Ausnützung der Leinengarne in Geweben

Heft 30:
Gesellschaft für Kohlentechnik mbH., Dortmung-Eving
Kombinierte Entaschung und Verschwelung von Steinkohle; Aufarbeitung von Steinkohlenschlämmen zu verkokbarer oder verschwelbarer Kohle

Heft 31:
Dipl.-Ing. Störmann, Essen
Messung des Leistungsbedarfs von Doppelsteg-Kettenförderern

Heft 32:
Techn.-Wissenschaftl. Büro für die Bastfaserindustrie, Bielefeld
Der Einfluß der Natriumchloridbleiche auf Qualität und Verwebbarkeit von Leinengarnen und die Eigenschaften der Leinengewebe unter besonderer Berücksichtigung des Einsatzes von Schützen- und Spulenwechselautomaten in der Leinenweberei

Heft 33:
Kohlenstoffbiologische Forschungsstation e. V.
Eine Methode zur Bestimmung von Schwefeldioxyd und Schwefelwasserstoff in Rauchgasen und in der Atmosphäre

Heft 34:
Textilforschungsanstalt Krefeld
Quellungs- und Entquellungsvorgänge bei Faserstoffen

Heft 35:
Professor Dr. W. Kast, Krefeld
Feinstrukturuntersuchungen an künstlichen Zellulosefasern verschiedener Herstellungsverfahren

Heft 36:
Forschungsinstitut der feuerfesten Industrie, Bonn
Untersuchungen über die Trocknung von Rohton
Untersuchungen über die chemische Reinigung von Silika- und Schamotte-Rohstoffen mit chlorhaltigen Gasen

Heft 37:
Forschungsinstitut der feuerfesten Industrie, Bonn
Untersuchungen über den Einfluß der Probenvorbereitung auf die Kaltdruckfestigkeit feuerfester Steine

Heft 38:
Forschungsstelle für Acetylen, Dortmund
Untersuchungen über die Trocknung von Acetylen zur Herstellung von Dissousgas

Heft 39:
Forschungsgesellschaft Blechverarbeitung e. V., Düsseldorf
Untersuchungen an prägegemusterten und vorgelochten Blechen

Heft 40:
Landesgeologe Dr.-Ing. W. Wolff, Amt für Bodenforschung, Krefeld
Untersuchungen über die Anwendbarkeit geophysikalischer Verfahren zur Untersuchung von Spateisengängen im Siegerland

Heft 41:
Techn.-Wissenschaftl. Büro für die Bastfaserindustrie, Bielefeld
Untersuchungsarbeiten zur Verbesserung des Leinenwebstuhles II

Heft 42:
Professor Dr. B. Helferich, Bonn
Untersuchungen über Wirkstoffe — Fermente — in der Kartoffel und die Möglichkeit ihrer Verwendung

Heft 43:
Forschungsgesellschaft Blechverarbeitung e. V., Düsseldorf
Forschungsergebnisse über das Beizen von Blechen

Heft 44:
Arbeitsgemeinschaft für praktische Dehnungsmessung, Düsseldorf
Eigenschaften und Anwendungen von Dehnungsmeßstreifen

Heft 45:
Losenhausenwerk Düsseldorfer Maschinenbau AG., Düsseldort
Untersuchungen von störenden Einflüssen auf die Lastgrenzenanzeige von Dauerschwingprüfmaschinen

Heft 46:
Prof. Dr. W. Fuchs, Aachen
Untersuchungen über die Aufbereitung von Wasser für die Dampferzeugung in Benson-Kesseln

Heft 47:
Prof. Dr.-Ing. K. Krekeler, Aachen
Versuche über die Anwendung der induktiven Erwärmung zum Sintern von hochschmelzenden Metallen sowie zur Anlegierung und Vergütung von aufgespritzten Metallschichten mit dem Grundwerkstoff

Heft 48:
Max-Planck-Institut für Eisenforschung, Düsseldorf
Spektrochemische Analyse der Gefügebestandteile in Stählen nach ihrer Isolierung

Heft 49:
Max-Planck-Institut für Eisenforschung, Düsseldorf
Untersuchungen über Ablauf der Desoxydation und die Bildung von Einschlüssen in Stählen

Heft 50:
Max-Planck-Institut für Eisenforschung, Düsseldorf
Flammenspektralanalytische Untersuchung der Ferritzusammensetzung in Stählen

Heft 51:
Verein zur Förderung von Forschungs- und Entwicklungsarbeiten in der Werkzeugindustrie e. V., Remscheid
Untersuchungen an Kreissägeblättern für Holz,
Fehler- und Spannungsprüfverfahren

Heft 52:
Forschungsstelle für Azetylen, Dortmund
Untersuchungen über den Umsatz bei der explosiblen Zersetzung von Azetylen
a) Zersetzung von gasförmigem Azetylen,
b) Zersetzung von an Silikagel adsorbiertem Azetylen

Heft 53:
Professor Dr.-Ing. H. Opitz, Aachen
Reibwert- und Verschleißmessungen an Kunststoffgleitführungen für Werkzeugmaschinen

Heft 54:
Professor Dr.-Ing. F. A. F. Schmidt, Aachen
Schaffung von Grundlagen für die Erhöhung der spez. Leistung und Herabsetzung des spez. Brennstoffverbrauches bei Ottomotoren mit Teilbericht über Arbeiten an einem neuen Einspritzverfahren

Heft 55:
Forschungsgesellschaft Blechverarbeitung e.V., Düsseldorf
Chemisches Glänzen von Messing und Neusilber

Heft 56:
Forschungsgesellschaft Blechverarbeitung e. V., Düsseldorf
Untersuchungen über einige Probleme der Behandlung von Blechoberflächen

Heft 57:
Prof. Dr.-Ing. F. A. F. Schmidt, Aachen
Untersuchungen zur Erforschung des Einflusses des chemischen Aufbaues des Kraftstoffes auf sein Verhalten im Motor und in Brennkammern von Gasturbinen

Heft 58:
Gesellschaft für Kohlentechnik m. b. H., Dortmund
Herstellung und Untersuchung von Steinkohlenschwelteer

Heft 59:
Forschungsinstitut der Feuerfest-Industrie e.V., Bonn
Ein Schnellanalysenverfahren zur Bestimmung von Aluminiumoxyd, Eisenoxyd und Titanoxyd in feuerfestem Material mittels organischer Farbreagenzien auf photometrischem Wege
Untersuchungen des Alkali-Gehaltes feuerfester Stoffe mit dem Flammenphotometer nach Riehm-Lange

Heft 60:
Forschungsgesellschaft Blechverarbeitung e. V., Düsseldorf
Untersuchungen über das Spritzlackieren im elektrostatischen Hochspannungsfeld

Heft 61:
Verein zur Förderung von Forschungs- und Entwicklungsarbeiten in der Werkzeugindustrie e. V., Remscheid
Schwingungs- und Arbeitsverhalten von Kreissägeblättern für Holz

Heft 62:
Professor Dr. W. Franz, Institut für theoretische Physik der Universität Münster
Berechnung des elektrischen Durchschlags durch feste und flüssige Isolatoren

Heft 63:
Textilforschungsanstalt Krefeld
Neue Methoden zur Untersuchung der Wirkungsweise von Textilhilfsmitteln
Untersuchungen über Schlichtungs- und Entschlichtungsvorgänge

Heft 64:
Textilforschungsanstalt Krefeld
Die Kettenlängenverteilung von hochpolymeren Faserstoffen
Über die fraktionierte Fällung von Polyamiden

Heft 65:
Fachverband Schneidwarenindustrie, Solingen
Untersuchungen über das elektrolytische Polieren von Tafelmesserklingen aus rostfreiem Stahl

Heft 66:
Dr.-Ing. P. Füsgen VDI †, Düsseldorf
Untersuchungen über das Auftreten des Ratterns bei selbsthemmenden Schneckengetrieben und seine Verhütung

Heft 67:
Heinrich Wösthoff o. H. G., Apparatebau, Bochum
Entwicklung einer chemisch-physikalischen Apparatur zur Bestimmung kleinster Kohlenoxyd-Konzentrationen

Heft 68:
Kohlenstoffbiologische Forschungsstation e. V., Essen
Algengroßkulturen im Sommer 1952
II. Über die unsterile Großkultur von Scenedesmus obliquus

Heft 69:
Wäschereiforschung Krefeld
Bestimmung des Faserabbaues bei Leinen unter besonderer Berücksichtigung der Leinengarnbleiche

Heft 70:
Wäschereiforschung Krefeld
Trocknen von Wäschestoffen

Heft 71:
Prof. Dr.-Ing. K. Leist, Aachen
Kleingasturbinen, insbesondere zum Fahrzeugantrieb

Heft 72:
Prof. Dr.-Ing. K. Leist, Aachen
Beitrag zur Untersuchung von stehenden geraden Turbinengittern mit Hilfe von Druckverteilungsmessungen

Heft 73:
Prof. Dr.-Ing. K. Leist, Aachen
Spannungsoptische Untersuchungen von Turbinenschaufelfüßen

Heft 74:
Max-Planck-Institut für Eisenforschung, Düsseldorf
Versuche zur Klärung des Umwandlungsverhaltens eines sonderkarbidbildenden Chromstahls

Heft 75:
Max-Planck-Institut für Eisenforschung, Düsseldorf
Zeit-Temperatur-Umwandlungs-Schaubilder als Grundlage der Wärmebehandlung der Stähle

Heft 76:
Max-Planck-Institut für Arbeitsphysiologie, Dortmund
Arbeitstechnische und arbeitsphysiologische Rationalisierung von Mauersteinen

Heft 77:
Meteor Apparatebau Paul Schmeck G. m. b H., Siegen
Entwicklung von Leuchtstoffröhren hoher Leistung

Heft 78:
Forschungsstelle für Acetylen, Dortmund
Über die Zustandsgleichung des gasförmigen Acetylens und das Gleichgewicht Acetylen — Aceton

Heft 79:
Techn.-Wissenschaftl. Büro für die Bastfaserindustrie, Bielefeld
Trocknung von Leinengarnen III
Spinnspulen- und Spinnkopstrocknung
Vorgang und Einwirkung auf die Garnqualität

Heft 80:
Techn.-Wissenschaftl. Büro für die Bastfaserindustrie, Bielefeld
Die Verarbeitung von Leinengarn auf Webstühlen mit und ohne Oberbau

Heft 81:
Prüf- und Forschungsinstitut für Ziegeleierzeugnisse, Essen-Kray
Die Einführung des großformatigen Einheits-Gitterziegels im Lande Nordrhein-Westfalen

Heft 82:
Vereinigte Aluminium-Werke AG., Bonn
Forschungsarbeiten auf dem Gebiet der Veredelung von Aluminium-Oberflächen

Heft 83:
Prof. Dr. S. Strugger, Münster
Über die Struktur der Proplastiden

Heft 84:
Dr. H. Baron, Düsseldorf
Über Standardisierung von Wundtextilien

Heft 85:
Textilforschungsanstalt Krefeld
Physikalische Untersuchungen an Fasern, Fäden, Garnen und Geweben:
Untersuchungen am Knickscheuergerät nach Weltzien

Heft 86:
Prof. Dr.-Ing. H. Opitz, Aachen
Untersuchungen über das Fräsen von Baustahl sowie über den Einfluß des Gefüges auf die Zerspanbarkeit

Heft 87:
Gemeinschaftsausschuß Verzinken, Düsseldorf
Untersuchungen über Güte von Verzinkungen

Heft 88:
Gesellschaft für Kohlentechnik mbH., Dortmund-Eving
Oxydation von Steinkohle mit Salpetersäure

Heft 89:
Verein Deutscher Ingenieure, Gleitlagerforschung, Düsseldorf und Prof. Dr.-Ing. G. Vogelpohl, Göttingen
Versuche mit Preßstoff-Lagern für Walzwerke

Heft 90:
Forschungs-Institut der Feuerfest-Industrie, Bonn
Das Verhalten von Silikasteinen im Siemens-Martin-Ofengewölbe

Heft 91:
Forschungs-Institut der Feuerfest-Industrie, Bonn
Untersuchungen des Zusammenhangs zwischen Leistung und Kohlenverbrauch von Kammeröfen zum Brennen von feuerfesten Materialien

Heft 92:
Techn.-Wissenschaftl. Büro für die Bastfaserindustrie, Bielefeld und Laboratorium für textile Meßtechnik, M.-Gladbach
Messungen von Vorgängen am Webstuhl

Heft 93:
Prof. Dr. W. Kast, Krefeld
Spinnversuche zur Strukturerfassung künstlicher Zellulosefasern

Heft 94:
Prof. Dr. G. Winter, Bonn
Die Heilpflanzen des MATTHIOLUS (1611) gegen Infektionen der Harnwege und Verunreinigung der Wunden bzw. zur Förderung der Wundheilung im Lichte der Antibiotikaforschung

Heft 95:
Prof. Dr. G. Winter, Bonn
Untersuchungen über die flüchtigen Antibiotika aus der Kapuziner- (Tropaeolum maius) und Gartenkresse (Lepidium sativum) und ihr Verhalten im menschlichen Körper bei Aufnahme von Kapuziner- bzw. Gartenkressensalat per os

Heft 96:
Dr.-Ing. P. Koch, Dortmund
Austritt von Exoelektronen aus Metalloberflächen unter Berücksichtigung der Verwendung des Effektes für die Materialprüfung

Heft 97:
Ing. H. Stein, Laboratorium für textile Meßtechnik, M.-Gladbach
Untersuchung der Verzugsvorgänge an den Streckwerken verschiedener Spinnereimaschinen
2. Bericht: Ermittlung der Haft-Gleiteigenschaften von Faserbändern und Vorgarnen

Heft 98:
Fachverband Gesenkschmieden, Hagen
Die Arbeitsgenauigkeit beim Gesenkschmieden unter Hämmern

Heft 99:
Prof. Dr.-Ing. G. Garbotz, Aachen
Der Kraft- und Arbeitsaufwand sowie die Leistungen beim Biegen von Bewehrungsstählen in Abhängigkeit von den Abmessungen, den Formen und der Güte der Stähle (Ermittlung von Leistungsrichtlinien)

Heft 100:
Prof. Dr.-Ing. H. Opitz, Aachen
Untersuchungen von elektrischen Antrieben, Steuerungen und Regelungen an Werkzeugmaschinen

Heft 101:
Prof. Dr.-Ing. H. Opitz, Aachen
Wirtschaftlichkeitsbetrachtungen beim Außenrundschleifen

Heft 102:
Dr. P. Hölemann, Ing. R. Hasselmann und Ing. G. Dix, Dortmund
Untersuchungen über die thermische Zündung von explosiblen Acetylenzersetzungen in Kapillaren

Heft 103:
Prof. Dr. W. Weizel, Bonn
Durchführung von experimentellen Untersuchungen über den zeitlichen Ablauf von Funken in komprimierten Edelgasen sowie zu deren mathematischen Berechnung

Heft 104:
Prof. Dr. W. Weizel, Bonn
Über den Einfluß der Elektroden auf die Eigenschaften von Cadmium-Sulfid-Widerstands-Photozellen

Heft 105:
Dr.-Ing. R. Meldau, Harsewinkel/Westf.
Auswertung von Gekörn — Analysen des Musterstaubes „Flugasche Fortuna I"

Heft 106:
ORR. Dr.-Ing. W. Küch, Dortmund
Untersuchungen über die Einwirkung von feuchtigkeitsgesättigter Luft auf die Festigkeit von Leimverbindungen

Heft 107:
Prof. Dr. H. Lange und Dipl.-Phys. P. St. Pütter, Köln
Über die Konstruktion von Laboratoriumsmagneten

Heft 108:
Prof. Dr. W. Fuchs, Aachen
Untersuchungen über neue Beizmethoden und Beizabwässer
I. Die Entzunderung von Drähten mit Natriumhydrid
II. Die Aufbereitung von Beizabwässern

Heft 109:
Dr. P. Hölemann und Ing. R. Hasselmann, Dortmund
Untersuchungen über die Löslichkeit von Azetylen in verschiedenen organischen Lösungsmitteln

Heft 110:
Dr. P. Hölemann und Ing. R. Hasselmann, Dortmund
Untersuchungen über den Druckverlauf bei der explosiblen Zersetzung von gasförmigem Azetylen

Heft 111:
Fachverband Steinzeugindustrie, Köln
Die Entwicklung eines Gerätes zur Beschickung seitlicher Feuer von Steinzeug-Einzelkammeröfen mit festen Brennstoffen

Heft 112:
Prof. Dr.-Ing. H. Opitz, Aachen
Verschleißmessungen beim Drehen mit aktivierten Hartmetallwerkzeugen

Heft 113:
Prof. Dr. O. Graf, Dortmund
Erforschung der geistigen Ermüdung und nervösen Belastung: Studien über die vegetative 24-Stunden-Rhythmik in Ruhe und unter Belastung

Heft 114:
Prof. Dr. O. Graf, Dortmund
Studien über Fließarbeitsprobleme an einer praxisnahen Experimentieranlage

Heft 115:
Prof. Dr. O. Graf, Dortmund
Studium über Arbeitspausen in Betrieben bei freier und zeitgebundener Arbeit (Fließarbeit) und ihre Auswirkung auf die Leistungsfähigkeit

Heft 116:
Prof. Dr.-Ing. E. Siebel und Dr.-Ing. H. Weiss, Stuttgart
Untersuchungen an einigen Problemen des Tiefziehens — I. Teil

Heft 117:
Dr.-Ing. H. Beißwänger, Stuttgart, und Dr.-Ing. S. Schwandt, Trier
Untersuchungen an einigen Problemen des Tiefziehens — II. Teil

Heft 118:
Prof. Dr. E. A. Müller und Dr. H. G. Wenzel, Dortmund
Neuartige Klima-Anlage zur Erzeugung ungleicher Luft- und Strahlungstemperaturen in einem Versuchsraum

Heft 119:
Dr.-Ing. O. Viertel, Krefeld
Wäscherei- und energietechnische Untersuchung einer Gemeinschafts-Waschanlage

Heft 120:
Dipl.-Ing. Weisbecker, Lüdenscheid
Über Anfressung an Reinstaluminium-Schweißnähten bei der elektrolytischen Oxydation
Gebr. Hörstermann GmbH., Velbert
Entwicklung und Erprobung eines neuartigen Gummibandförderers

Heft 121:
Dr. H. Krebs, Bonn
I. Die Struktur und die Eigenschaften der Halbmetalle
II. Die Bestimmung der Atomverteilung in amorphen Substanzen
III. Die chemische Bindung in anorganischen Festkörpern und das Entstehen metallischer Eigenschaften

Heft 122:
Prof. Dr. W. Fuchs, Aachen
Untersuchungen zur Verbesserung der Wasseraufbereitung und Wasseranalyse:
Über die Schnellbewertung von Ionenaustauscher

Heft 123:
Dipl.-Ing. J. Emondts, Aachen
Über Bodenverformungen bei stark gestörtem und mächtigem, wasserführendem Deckgebirge im Aachener Steinkohlengebiet

Heft 124:
Prof. Dr. R. Seÿffert, Köln
Wege und Kosten der Distribution der Hausratwaren im Lande Nordrhein-Westfalen

Heft 125:
Prof. Dr. E. Kappler, Münster
Eine neue Methode zur Bestimmung von Kondensations-Koeffizienten von Wasser

Heft 126:
Prof. Dr.-Ing. J. Mathieu, Aachen
Arbeitszeitvergleich
Grundlagen, Methodik und praktische Durchführung

Heft 127:
Güteschutz Betonstein e. V.,
Arbeitskreis Nordrhein-Westfalen, Dortmund
Die Betonwaren-Gütesicherung im Lande Nordrhein-Westfalen

Heft 128:
Prof. Dr. O. Schmitz-DuMont, Bonn
Untersuchungen über Reaktionen in flüssigem Ammoniak

Heft 129:
Prof. Dr.-Ing. J. Mathieu und Dr. C. A. Roos, Aachen
Die Anlernung von Industriearbeitern
I. Ergebnisse einer grundsätzlichen Untersuchung der gegenwärtigen Industriearbeiter-Kurzanlernung

Heft 130:
Prof.-Dr.-Ing. J. Mathieu und Dr. C. A. Roos, Aachen
Die Anlernung von Industriearbeitern
II. Beiträge zur Methodenfrage der Kurzanlernung

Heft 131:
Dr. W. Hoerburger, Köln
Versuche zur Biosynthese von Eiweiß aus Kohlenwasserstoff

Heft 132:
Prof. Dr. W. Seith, Münster
Über Diffusionserscheinungen in festen Metallen

Heft 133:
Prof. Dr. E. Jenckel, Aachen
Über einen für Schwermetalle selektiven Ionenaustauscher

Heft 134:
Prof. Dr.-Ing. H. Winterhager, Aachen
Über die elektrochemischen Grundlagen der Schmelzfluß-Elektrolyse von Bleisulfid in geschmolzenen Mischungen mit Bleichlorid

Heft 135:
Prof. Dr.-Ing. K. Krekeler und Dr.-Ing. H. Peukert, Aachen
Die Änderung der mechanischen Eigenschaften thermoplastischer Kunststoffe durch Warmrecken

Heft 136:
Dipl.-Phys. P. Pilz, Remscheid
Über spezielle Probleme der Zerkleinerungstechnik von Weichstoffen

Heft 137:
Prof. Dr. W. Baumeister, Münster
Beiträge zur Mineralstoffernährung der Pflanzen

Heft 138:
Dr. P. Hölemann und Ing. R. Hasselmann, Dortmund
Untersuchungen über die Zersetzungswärme von gasförmigem und in Azeton gelöstem Azetylen

Heft 139:
Prof. Dr. W. Fuchs, Aachen
Studien über die thermische Zersetzung der Kohle und die Kohlendestillatprodukte

Heft 140:
Dr.-Ing. G. Hausberg, Essen
Modellversuche an Zyklonen

Heft 141:
Dr. J. van Calker und Dr. R. Wienecke, Münster
Untersuchungen über den Einfluß dritter Analysenpartner aut die spektrochemische Analyse

Heft 142:
Dipl.-Ing. G. M. F. Wiebel, Hannover, A. Konermann und A. Ottenheym, Sennelager
Entwicklung eines Kalksandleichtsteines

Heft 143:
Prof. Dr. F. Wever, Dr. A. Rose und Dipl.-Ing. W. Straßburg, Düsseldorf
Härtbarkeit und Umwandlungsverhalten der Stähle

Heft 144:
Prof. Dr. H. Wurmbach, Bonn
Steuerung von Wachstum und Formbildung

Heft 145:
Dr. G. Hennemann, Werdohl (Westf.)
Beitrag zur Interpretation der modernen Atomphysik

Heft 146:
Dr.-Ing. F. Gruß, Düsseldorf
Sterilisation mit Heißluft

Heft 147:
Dr.-Ing. W. Rudisch, Unna
Untersuchung einer drehelastischen Elektromagnet-Synchronkupplung

Heft 148:
Prof. Dr. H. Bittel und Dipl.-Phys. L. Storm, Münster
Untersuchungen über Widerstandsrauschen

Heft 149:
Dipl.-Ing. K. Konopicky und Dipl.-Chem. P. Kampa, Bonn
I. Beitrag zur flammenphotometrischen Bestimmung des Calciums
Dr.-Ing. K. Konopicky, Bonn
II. Die Wanderung von Schlackenbestandteilen in feuerfesten Baustoffen

Heft 150:
Prof. Dr.,Ing. O. Kienzle und Dipl.-Ing. W. Timmerbeil, Hannover
Das Durchziehen enger Kragen an ebenen Fein- und Mittelblechen

Heft 151:
Dipl.-Ing. P. Karabasch, Aachen
Feststellung des optimalen Gasgehaltes von Bronzen zur Erzielung druckdichter Gußstücke

Heft 152:
Dipl.-Ing. G. Müller, Köln
Ermittlung der Laufeigenschaften (Vergießbarkeit) von Bronze und Rotguß mittels der Schneider-Gießspirale

Heft 153:
Prof. Dr. F. Wever, Dr.-Ing. W. A. Fischer und
Dipl-Ing. J. Engelbrecht, Düsseldorf
I. Die Reduktion sauerstoffhaltiger Eisenschmelzen im Hochvakuum mit Wasserstoff und Kohlenstoff
II. Einfluß geringer Sauerstoffgehalte auf das Gefüge und Alterungsverhalten von Reineisen

Heft 154:
Prof. Dr.-Ing. P. Bardenheuer und Dr.-Ing. W. A. Fischer, Düsseldort
Die Verschlackung von Titan aus Stahlschmelzen im sauren und basischen Hochfrequenzofen unter verschiedenen Schlacken

Heft 155:
Dipl.-Phys. K. H. Schirmer, München
Die auf Grau abgestimmte Farbwiedergabe im Dreifarbenbuchdruck

Heft 156:
Prof. Dr.-Ing. B. von Borries und Mitarbeiter, Düsseldorf
Die Entwicklung regelbarer permanentmagnetischer Elektronenlinsen hoher Brechkraft und eines mit ihnen ausgerüsteten Elektronenmikroskopes neuer Bauart

Heft 157:
Dr. W. Jawtusch, Dr. G. Schuster und Prof. Dr.-Ing. R. Jaeckel, Bonn
Untersuchungen über die Stoßvorgänge zwischen neutralen Atomen und Molekülen

Heft 158:
Dipl.-Ing. W. Rosenkranz, Meinerzhagen
Ein Beitrag zum Problem der Spannungskorrosion bei Preßprofilen und Preßteilen aus Aluminium-Legierungen

Heft 159:
Dr.-Ing. O. Viertel und O. Oldenroth, Krefeld
Das Bleichen von Weißwäsche mit Wasserstoffsuperoxyd bzw. Natriumhypochlorit beim maschinellen Waschen

Heft 160:
Prof. Dr. W. Klemm, Münster
Über neue Sauerstoff- und Fluor-haltige Komplexe

Heft 161:
Prof. Dr. W. Weltzien und Dr. G. Hauschild, Krefeld
Über Silikone und ihre Anwendung in der Textilveredlung

Heft 162:
Prof. Dr. F. Wever, Prof. Dr. A. Knochendörfer und
Dr.-Ing. Chr. Rohrbach, Düsseldorf
Kennzeichnung der Sprödbruchneigung von Stählen durch Messung der Fließspannung, Reißspannung und Brucheinschnürung an dreiachsig beanspruchten Proben

Heft 163:
Dipl.-Ing. W. Rohs und Text.-Ing. H. Griese, Bielefeld
Untersuchungsarbeiten zur Verbesserung des Leinenwebstuhles III

Heft 164:
Dr.-Ing. H. Schmachtenberg, Köln
Neuartige Prüfeinrichtungen für Kraftfahrzeuge

Heft 165:
Dr.-Ing. W. Wilhelm, Aachen
Instationäre Gasströmung im Auspuffsystem eines Zweitaktmotors

Heft 166:
Prof. Dr. M. von Stackelberg, Dr. H. Heindze, Dr. H. Hübschke und Dr. K. H. Frangen, Bonn
Kolloidchemische Untersuchungen

Heft 167:
Prof. Dr.-Ing. F. Schuster, Essen
I. Über die Heißkarburierung von Brenngasen mit Ölen und Teeren
II. Die Strahlungsvorgänge in brennstoffbeheizten Öfen bei verschiedenen Verbrennungsatmosphären

Heft 168:
Prof. Dr.-Ing. F. Schuster, Essen
I. Luftvorwärmung an Gasfeuerungen
II. Heizwerthöhe von Brenngasen und Wirkungsgrad sowie Gasverbrauch bei der Gasverwendung
III. Sauerstoffangereicherte Luft und feuerungstechnische Kenngrößen von Brenngasen

Heft 169:
Forschungsinstitut für Pigmente und Lacke, Stuttgart
Arbeiten über die Bestimmung des Gebrauchswertes von Lackfilmen durch physikalische Prüfungen

Heft 170:
Prof. Dr. F. Wever, Dr. A. Rose und Dipl.-Ing. L. Rademacher, Düsseldorf
Anwendung der Umwandlungsschaubilder auf Fragen der Werkstoffauswahl beim Schweißen und Flammhärten

Heft 171:
Wäschereiforschung, Krefeld
Untersuchung der Wäscheentwässerung mit Hilfe von Zentrifugen und Pressen

Heft 172:
Dipl.-Ing. W. Rohs, Dr.-Ing. G. Satlow und Text.-Ing. G. Heller, Bielefeld
Trocknung von Hanfgarnen. Kreuzspultrocknung

Heft 173:
Prof. Dr. W. Kast, Krefeld, Prof. Dr. R. Hosemann und
Dipl.-Phys. G. Schoknecht, Berlin
Lichtoptische Herstellung und Diskussion der Faltungsquadrate parakristalliner Gitter

Heft 174:
Prof. Dr. W. von Fragstein, Dr. J. Meingast und H. Hoch, Köln
Herstellung von Solen einheitlicher Teilchengröße und Ermittlung ihrer optischen Eigenschaften

Heft 175:
Dr.-Ing. H. Zeller, Aachen
Beitrag zur eindimensionalen stationären und nichtstationären Gasströmung mit Reibung und Wärmeleitung insbesondere in Rohren mit unstetigen Querschnittsänderungen

Heft 176:
Dipl.-Ing. H. Schöberl, Duisburg
Über die Methoden zur Ermittlung der Verbrennungstemperatur von Brennstoffen und ein Vorschlag zu ihrer Verbesserung

Heft 177:
Dipl.-Ing. H. Stüdemann, Solingen, und Dr.-Ing. W. Müchler, Essen
Entwicklung eines Verfahrens zur zahlenmäßigen Bestimmung der Schneideigenschaften von Messerklingen

Heft 178:
Prof. Dr. M. von Stackelberg und Dr. W. Hans, Bonn
Untersuchungen zur Ausarbeitung und Verbesserung von polarographischen Analysenmethoden

Heft 179:
Dipl.-Ing. H. F. Reineke, Bochum
Entwicklungsarbeiten auf dem Gebiete der Meß- und Regeltechnik

Heft 180:
Dr.-Ing. W. Piepenburg, Dipl.-Ing. B. Bühling und Bauing. J. Behnke, Köln
Putzarbeiten im Hochbau und Versuche mit aktiviertem Mörtel und mechanischem Mörtelauftrag

Heft 181:
Prof. Dr. W. Franz, Münster
Theorie der elektrischen Leitvorgänge in Halbleitern und isolierenden Festkörpern bei hohen elektrischen Feldern

Heft 182:
Dr.-Ing. P. Schenk und Dr. K. Osterloh, Düsseldorf
Katalytisch-thermische Spaltung von gasförmigen und flüssigen Kohlenwasserstoffen zur Spitzengaserzeugung

Heft 183:
Dr. W. Bornheim, Köln
Entwicklungsarbeiten an Flaschen- und Ampullen-Behandlungsmaschinen für die pharmazeutische Industrie

Heft 184:
Dr.-Ing. E. Printz, Kettwig
Vollhydraulische Parallel-Kupplung für Ackerschlepper

Heft 185:
Dipl.-Ing. W. Rohs und Text.-Ing. G. Heller, Bielefeld
Studien an einem neuzeitlichen Kreuzspultrockner für Bastfasergarne mit Wiederbefeuchtungszone

Heft 186:
Dr. E. Wedekind, Krefeld
Untersuchungen zur Arbeitsbestgestaltung bei der Fertigstellung von Oberhemden in gewerblichen Wäschereien

Heft 187:
Dipl.-Ing. F. Göttgens, Essen
Über die Eigenarten der Bimetall-, Thermo- und Flammenionisationssicherungsmethode in ihrer Anwendung auf Zündsicherungen

Heft 188:
W. Kinnebrock, Langenberg
Der Einfluß des Austausches gleicher Gaskochbrenner bzw. Gaskochbrennerteile auf den Wirkungsgrad und insbesondere auf den CO-Gehalt der Verbrennungsgase

Heft 189:
Fa. E. Leybold's Nachfolger, Köln
I. Ausgewählte Kapitel aus der Vakuumtechnik
II. Zum Verlust anorganisch-nichtflüchtiger Substanzen während der Gefriertrocknung

Heft 190:
Prof. Dr. A. Neuhaus, Prof. Dr. O. Schmitz-DuMont und Dipl.-Chem. H. Reckhard, Bonn
Zur Kenntnis der Alkalititanate

Heft 191:
Dr.-Ing. H. Söhngen, Darmstadt
Schwingungsverhalten eines Schaufelkranzes im Vakuum

Heft 192:
Dipl.-Phys. E. M. Schneider, München
Kohlebogenlampen für Aufnahme und Kopie

Heft 193:
Prof. Dr. O. Schmitz-DuMont, Bonn
Untersuchungen über neue Pigmentfarbstoffe

Heft 194:
Dr. K. Hecht, Köln
Entwicklung neuartiger physikalischer Unterrichtsgeräte

Heft 195:
Dr.-Ing. E. Rößger, Köln
Gedanken über einen neuen deutschen Luftverkehr

Heft 196:
Dipl.-Ing. W. Rohs und Text.-Ing. H. Griese, Bielefeld
Auswirkungen von Garnfehlern bei der Verarbeitung von Leinengarnen

Heft 197:
Dr. E. Wedekind, Krefeld
Untersuchungen zur Bestimmung der optimalen Arbeitsplatzgröße bei Mehrstuhlarbeit in der Weberei

Heft 198:
Prof. Dr. J. Weissinger, Karlsruhe
Zur Aerodynamik des Ringflügels. Die Druckverteilung dünner, fast drehsymmetrischer Flügel in Unterschallströmung

VERÖFFENTLICHUNGEN DER ARBEITSGEMEINSCHAFT FÜR FORSCHUNG DES LANDES NORDRHEIN-WESTFALEN

Naturwissenschaften

Heft 1:
Prof. Dr.-Ing. F. Seewald, Aachen
Neue Entwicklungen auf dem Gebiet der Antriebsmaschinen
Prof. Dr.-Ing. F. A. F. Schmidt, Aachen
Technischer Stand und Zukunftsaussichten der Verbrennungsmaschinen, insbesondere der Gasturbinen
Dr.-Ing. R. Friedrich, Mülheim (Ruhr)
Möglichkeiten und Voraussetzungen der industriellen Verwertung der Gasturbine

Heft 2:
Prof. Dr.-Ing. W. Riezler, Bonn
Probleme der Kernphysik
Prof. Dr. Micheel, Münster
Isotope als Forschungsmittel in der Chemie und Biochemie

Heft 3:
Prof. Dr. E. Lehnartz, Münster
Der Chemismus der Muskelmaschine
Prof. Dr. G. Lehmann, Dortmund
Physiologische Forschung als Voraussetzung der Bestgestaltung der menschlichen Arbeit
Prof. Dr. H. Kraut, Dortmund
Ernährung und Leistungsfähigkeit

Heft 4:
Prof. Dr. F. Wever, Düsseldorf
Aufgaben der Eisenforschung
Prof. Dr.-Ing. H. Schenck, Aachen
Entwicklungslinien des deutschen Eisenhüttenwesens
Prof. Dr.-Ing. M. Haas, Aachen
Wirtschaftliche Bedeutung der Leichtmetalle und ihre Entwicklungsmöglichkeiten

Heft 5:
Prof. Dr. W. Kikuth, Düsseldorf
Virusforschung
Prof. Dr. R. Danneel, Bonn
Fortschritte der Krebsforschung
Prof. Dr. W. Schulemann, Bonn
Wirtschaftliche und organisatorische Gesichtspunkte für die Verbesserung unserer Hochschulforschung

Heft 6:
Prof. Dr. W. Weizel, Bonn
Die gegenwärtige Situation der Grundlagenforschung in der Physik
Prof. Dr. S. Strugger, Münster
Das Duplikantenproblem in der Biologie
Direktor Dr. F. Gummert, Essen
Überlegungen zu den Faktoren Raum und Zeit im biologischen Geschehen und Möglichkeiten einer Nutzanwendung

Heft 7:
Prof. Dr.-Ing. A. Götte, Aachen
Steinkohle als Rohstoff und Energiequelle
Prof. Dr. Dr. E. h. K. Ziegler, Mülheim/Ruhr
Über Arbeiten des Max-Planck-Institutes für Kohlenforschung

Heft 8:
Prof. Dr.-Ing. W. Fucks, Aachen
Die Naturwissenschaft, die Technik und der Mensch
Prof. Dr. W. Hoffmann, Münster
Wirtschaftliche und soziologische Probleme des technischen Fortschritts

Heft 9:
Prof. Dr.-Ing. F. Bollenrath, Aachen
Zur Entwicklung warmfester Werkstoffe
Prof. Dr. H. Kaiser, Dortmund
Stand spektralanalytischer Prüfverfahren und Folgerung für deutsche Verhältnisse

Heft 10:
Prof. Dr. H. Braun, Bonn
Möglichkeiten und Grenzen der Resistenzzüchtung
Prof. Dr.-Ing. C. H. Dencker, Bonn
Der Weg der Landwirtschaft von der Energieautarkie zur Fremdenergie

Heft 11:
Prof. Dr.-Ing. H. Opitz, Aachen
Entwicklungslinien der Fertigungstechnik in der Metallbearbeitung
Prof. Dr.-Ing. K. Krekeler, Aachen
Stand und Aussichten der schweißtechnischen Fertigungsverfahren

Heft 12:
Dr. H. Rathert, Wuppertal-Elberfeld
Entwicklung auf dem Gebiet der Chemiefaser-Herstellung
Prof. Dr. W. Weltzien, Krefeld
Rohstoff und Veredlung in der Textilwirtschaft

Heft 13:
Dr.-Ing. E. h. K. Herz, Frankfurt a. M.
Die technischen Entwicklungstendenzen im elektrischen Nachrichtenwesen
Staatssekretär Prof. L. Brandt, Düsseldorf
Navigation und Luftsicherung

Heft 14:
Prof. Dr. B. Helferich, Bonn
Stand der Enzymchemie und ihre Bedeutung
Prof. Dr. H. W. Knipping, Köln
Ausschnitt aus der klinischen Carcinomforschung am Beispiel des Lungenkrebses

Heft 15:
Prof. Dr. A. Esau, Aachen
Ortung mit elektrischen und Ultraschallwellen in Technik und Natur
Prof. Dr.-Ing. E. Flegler, Aachen
Die ferromagnetischen Werkstoffe der Elektrotechnik und ihre neueste Entwicklung

Heft 16:
Prof. Dr. R. Seyffert, Köln
Die Problematik der Distribution
Prof. Dr. Theodor Beste, Köln
Der Leistungslohn

Heft 17:
Prof. Dr.-Ing. Seewald, Aachen
Luftfahrtforschung in Deutschland und ihre Bedeutung für die allgemeine Technik
Prof. Dr.-Ing. E. Houdremont, Essen
Art und Organisation der Forschung in einem Industrieforschungsinstitut der Eisenindustrie

Heft 18:
Prof. Dr. W. Schulemann, Bonn
Theorie und Praxis pharmakologischer Forschung
Prof. Dr. W. Groth, Bonn
Technische Verfahren zur Isotopentrennung

Heft 19:
Dipl.-Ing. K. Traenckner, Essen
Entwicklungstendenzen der Gaserzeugung

Heft 20:
M. Zvegintzow, London
Wissenschaftliche Forschung und die Auswertung ihrer Ergebnisse
Ziel u. Tätigkeit der National Research Development Corporation
Dr. A. King, London
Wissenschaft und internationale Beziehungen

Heft 21:
Prof. Dr. R. Schwarz, Aachen
Wesen und Bedeutung der Silicium-Chemie
Prof. Dr. Dr. h. c. K. Alder, Köln
Fortschritte in der Synthese von Kohlenstoffverbindungen

Heft 21 a
Prof. Dr. Dr. h. c. O. Hahn, Göttingen
Die Bedeutung der Grundlagenforschung für die Wirtschaft
Prof. Dr. S. Strugger, Münster
Die Erforschung des Wasser- und Nährsalztransportes im Pflanzenkörper mit Hilfe der fluoreszenzmikroskopischen Kinematographie

Heft 22:
Prof. Dr. J. von Allesch, Göttingen
Die Bedeutung der Psychologie im öffentlichen Leben
Prof. Dr. O. Graf, Dortmund
Triebfedern menschlicher Leistung

Heft 23:
Prof. Dr. Dr. h. c. 3. Kuske, Köln
Zur Problematik der wirtschaftswissenschaftlichen Raumforschung
Prof. Dr. Dr.-Ing. E. h. St. Prager, Düsseldorf
Städtebau und Landesplanung

Heft 24:
Prof. Dr. R. Danneel, Bonn
Über die Wirkungsweise der Erbfaktoren
Prof. Dr. K. Herzog, Krefeld
Bewegungsbedarf der menschlichen Gliedmaßengelenke bei der Berufsarbeit

Heft 25:
Prof. Dr. O. Haxel, Heidelberg
Energiegewinnung aus Kernprozessen
Dr.-Ing. Dr. M. Wolf, Düsseldorf
Gegenwartsprobleme der energiewirtschaftlichen Forschung

Heft 26:
Prof. Dr. F. Becker, Bonn
Ultrakurzwellenstrahlung aus dem Weltraum
Dr. H. Straßl, Bonn
Bemerkenswerte Doppelsterne und das Problem der Sternentwicklung

Heft 27:
Prof. Dr. H. Behnke, Münster
Der Strukturwandel der Mathematik in der ersten Hälfte des 20. Jahrhunderts
Prof. Dr. E. Sperner, Hamburg
Eine mathematische Analyse der Luftdruckverteilung in großen Gebieten

Heft 28:
Prof. Dr. O. Niemczyk, Aachen
Die Problematik gebirgsmechanischer Vorgänge im Steinkohlenbergbau
Prof. Dr. W. Ahrens, Krefeld
Die Bedeutung geologischer Forschung für die Wirtschaft besonders in Nordrhein-Westfalen

Heft 29:
Prof. Dr. B. Rensch, Münster
Das Problem der Residuen bei Lernleistungen
Prof. Dr. H. Fink, Köln
Über Leberschäden bei der Bestimmung des biologischen Wertes verschiedener Eiweiße von Mikroorganismen

Heft 30:
Prof. Dr.-Ing. F. Seewald, Aachen
Forschungen auf dem Gebiete der Aerodynamik
Prof. Dr.-Ing. K. Leist, Aachen
Forschungen in der Gasturbinentechnik

Heft 31:
Prof. Dr.-Ing. Dr. h. c. F. Mietzsch, Wuppertal
Chemie und wirtschaftliche Bedeutung der Sulfonamide
Prof. Dr. Dr. h. c. G. Domagk, Wuppertal
Die experimentellen Grundlagen der bakteriellen Infektionen

Heft 32:
Prof. Dr. H. Braun, Bonn
Die Verschleppung von Pflanzenkrankheiten und -schädlingen über die Welt
Prof. Dr. W. Rudorf, Voldagsen
Der Beitrag von Genetik und Züchtung zur Bekämpfung von Viruskrankheiten der Nutzpflanzen

Heft 33:
Prof. Dr.-Ing. V. Aschoff, Aachen
Probleme der elektroakustischen Einkanalübertragung
Prof. Dr.-Ing. H. Döring, Aachen
Erzeugung und Verstärkung von Mikrowellen

Heft 34:
Geheimrat Prof. Dr. Dr. R. Schenck, Aachen
Bedingungen und Gang der Kohlenhydratsynthese im Licht
Prof. Dr. E. Lehnartz, Münster
Die Endstufen des Stoffabbaues im Organismus

Heft 35:
Prof. Dr.-Ing. H. Schenck, Aachen
Gegenwartsprobleme der Eisenindustrie in Deutschland
Prof. Dr.-Ing. Piwowarsky †, Aachen
Gelöste und ungelöste Probleme im Gießereiwesen

Heft 36:
Prof. Dr. W. Riezler, Bonn
Teilchenbeschleuniger
Prof. Dr. G. Schubert, Hamburg
Anwendung neuer Strahlenquellen in der Krebstherapie

Heft 37:
Prof. Dr. F. Lotze, Münster
Probleme der Gebirgsbildung
Bergwerksdirektor Bergassessor a. D. Rauschenbach, Essen
Die Erhaltung der Förderungskapazität des Ruhrbergbaues auf lange Sicht

Heft 38:
Dr. E. C. Cherry, London
Kybernetik
Prof. Dr. E. Pietsch, Clausthal-Zellerfeld
Dokumentation und mechanisches Gedächtnis — zur Frage der Ökonomie der geistigen Arbeit

Heft 39:
Dr. H. Haase, Hamburg
Infrarot und seine technischen Anwendungen
Prof. Dr. A. Esau, Aachen
Die Bedeutung des Ultraschalls für technische Anwendungsgebiete

Heft 40:
Bergassessor F. Lange, Bochum-Hordel
Die wirtschaftliche und soziale Bedeutung der Silikose im Bergbau
Prof. Dr. W. Kikuth, Düsseldorf
Die Entstehung der Silikose und ihre Verhütungsmaßnahmen

Heft 40 a:
Prof. Dr. E. Gross, Bonn
Berufskrebs und Krebsforschung
Prof. Dr. H. W. Knipping, Köln
Die Situation der Krebsforschung vom Standpunkt der Klinik

Heft 41:
Dr.-Ing. G. V. Lachmann, Teddington
An einer neuen Entwicklungsschwelle im Flugzeugbau
Dr. A. Gerber, Zürich
Stand der Entwicklung der Raketen- und Lenktechnik

Heft 42:
Prof. Dr. T. Kraus, Köln
Lokalisationsphänomene und Raumordnung vom Standpunkt der geographischen Wissenschaft
Direktor Dr. F. Gummert, Essen
Vom Ernährungsversuchsfeld der Kohlenstoffbiologischen Forschungsstation Essen (Ein 6 Jahre lang durchgeführter Versuch, einen Menschen aus dem Ertrag von 1250 qm zu ernähren)

Heft 42 a:
Prof. Dr. Dr. h. c. G. Domagk, Wuppertal
Fortschritte auf dem Gebiet der experimentellen Krebsforschung

Heft 43:
Prof. G. Lampariello, Rom
Über Leben und Werk von Heinrich Hertz
Prof. Dr. W. Weizel, Bonn
Über das Problem der Kausalität in der Physik

Heft 43 a:
Prof. Dr. J. Mª Albareda, Madrid
Die Entwicklung der Forschung in Spanien

Heft 44:
Prof. Dr. B. Helferich, Bonn
Über Glykose
Prof. Dr. F. Micheel, Münster
Kohlenhydrat-Eiweiß-Verbindungen und ihre bio-chemische Bedeutung

Heft 45:
Prof. Dr. J. von Neumann, Princeton/USA
Entwicklung und Ausnutzung neuerer mathematischer Maschinen
Prof. Dr. E. Stiefel, Zürich
Rechenautomaten im Dienste der Technik mit Beispielen aus dem Züricher Institut für angewandte Mathematik

Heft 46:
Prof. Dr. W. Weltzien, Krefeld
Ausblick auf die Entwicklung synthetischer Fasern
Prof. Dr. W. Hoffmann, Münster
Wachstumsformen der Industriewirtschaft

Heft 47:
Staatssekretär Prof. L. Brandt, Düsseldorf
Die praktische Förderung der Forschung in Nordrhein-Westfalen
Prof. Dr. L. Raiser, Bad Godesberg
Die Förderung der angewandten Forschung durch die Deutsche Forschungsgemeinschaft

Heft 48:
Dr. H. Tromp, Rom
Bestandsaufnahme der Wälder der Welt als internationale und wissenschaftliche Aufgabe
Prof. Dr. F. Heske, Schloß Reinbek
Die Wohlfahrtswirkungen des Waldes als internationales Problem

Heft 49:
Präsident Dr. G. Böhnecke, Hamburg
Zeitfragen der Ozeanographie
Reg.-Direktor Dr. H. Gabler, Hamburg
Nautische Technik und Schiffssicherheit

Heft 50:
Prof. Dr.-Ing. F. A. F. Schmidt, Aachen
Probleme der Selbstentzündung und Verbrennung bei der Entwicklung der Hochleistungskraftmaschinen
Prof. Dr.-Ing. A. W. Quick, Aachen
Ein Verfahren zur Untersuchung des Austauschvorganges in verwirbelten Strömungen hinter Körpern mit abgelöster Strömung

Heft 51:
Prof. Dr. S. Strugger, Münster
Struktur, Entwicklungsgeschichte und Physiologie der Chloroplasten
Direktor Dr. J. Pätzold, Erlangen
Therapeutische Anwendung mechanischer und elektrischer Energie

VERÖFFENTLICHUNGEN DER ARBEITSGEMEINSCHAFT FÜR FORSCHUNG DES LANDES NORDRHEIN-WESTFALEN

Geisteswissenschaften

Heft 1:
Prof. Dr. W. Richter, Bonn
Die Bedeutung der Geisteswissenschaften für die Bildung unserer Zeit
Prof. Dr. J. Ritter, Münster
Die aristotelische Lehre vom Ursprung und Sinn der Theorie

Heft 2:
Prof. Dr. J. Kroll, Köln
Elysium
Prof. Dr. G. Jachmann, Köln
Die vierte Ekloge Vergils

Heft 3:
Prof. Dr. H. Stier, Münster
Die klassische Demokratie

Heft 4:
Prof. Dr. W. Caskel, Köln
Lihyan und Lihyanisch, Sprache und Kultur eines früharabischen Königreiches

Heft 5:
Prof. Dr. T. Ohm, Münster
Stammesreligionen im südlichen Tanganyika-Territorium

Heft 6:
Prälat Prof. Dr. Dr. h. c. G. Schreiber, Münster
Deutsche Wissenschaftspolitik von Bismarck bis zum Atomwissenschaftler Otto Hahn

Heft 7:
Prof. Dr. W. Holtzmann, Bonn
Das mittelalterliche Imperium und die werdenden Nationen

Heft 8:
Prof. Dr. W. Caskel, Köln
Die Bedeutung der Beduinen in der Geschichte der Araber

Heft 9:
Prälat Prof. Dr. Dr. h. c. G. Schreiber, Münster
Iroschottische Motive im abendländischen Sakralraum

Heft 10:
Prof. Dr. P. Rassow
Forschungen zur Reichsidee im 16. und 17. Jahrhundert

Heft 11:
Prof. Dr. H. E. Stier, Münster
Roms Aufstieg zur Weltherrschaft

Heft 12:
Prof. D. K. Rengstorf, Münster
Mann und Frau im Urchristentum
Prof. Dr. H. Conrad, Bonn
Grundprobleme einer Reform des Familienrechts

Heft 13:
Prof. Dr. M. Braubach, Bonn
Der Weg zum 20. Juli 1944 — Ein Forschungsbericht

Heft 14:
Prof. Dr. P. Hübinger, Münster
Das deutsch-französische Verhältnis und seine mittelalterlichen Grundlagen

Heft 15:
Prof. Dr. F. Steinbach, Bonn
Der geschichtliche Weg des wirtschaftenden Menschen in die soziale Freiheit und politische Verantwortung

Heft 16:
Prof. Dr. J. Koch, Köln
Die Ars coniecturalis des Nikolaus von Cues

Heft 17:
Prof. Dr. J. Conant, US-Hochkommissar für Deutschland
Staatsbürger und Wissenschaftler
Prof. D. K. H. Rengstorf, Münster
Antike und Christentum

Heft 18:
Prof. Dr. R. Alewyn, Köln
Klopstocks Publikum

Heft 19:
Prof. Dr. F. Schalk, Köln
Das Lächerliche in der französischen Literatur des Ancien Régime

Heft 20:
Prof. Dr. L. Raiser, Bad Godesberg
Rechtsfragen der Mitbestimmung

Heft 21:
Prof. D. M. Noth, Bonn
Das Geschichtsverständnis der alttestamentlichen Apokalyptik

Heft 22:
Prof. Dr. W. F. Schirmer, Bonn
Glück und Ende des Königs in Shakespeares Historien

Heft 23:
Prof. Dr. G. Jachmann, Köln
Der homerische Schiffskatalog und die Ilias

Heft 24:
Prof. Dr. T. Klauser, Bonn
Die römischen Petrustraditionen im Lichte der neuen Ausgrabungen unter der Peterskirche

Heft 25:
Prof. Dr. H. Peters, Köln
Die Gewaltentrennung in moderner Sicht

Heft 26:
Prof. Dr. F. Schalk, Köln
Calderon und die Mythologie

Heft 27:
Prof. Dr. J. Kroll, Köln
Vom Leben geflügelter Worte

Heft 28:
Prof. Dr. T. Ohm, Münster
Die Religionen in Asien

Heft 29:
Prof. Dr. L. Weisgerber, Bonn
Die Ordnung der Sprache im persönlichen und öffentlichen Leben

Heft 30:
Prof. Dr. W. Caskel, Köln
Entdeckungen in Arabien

Heft 31:
Prof. Dr. M. Braubach, Bonn
Entstehung und Entwicklung der landesgeschichtlichen Bestrebungen und historischen Vereine im Rheinland

Heft 32:
Prof. Dr. F. Schalk, Köln
Somnium und verwandte Wörter in den romanischen Sprachen

Heft 33:
Prof. Dr. F. Dessauer, Frankfurt a. M.
Erbe und Zukunft des Abendlandes

Heft 34:
Prof. Dr. T. Ohm, Münster
Ruhe und Frömmigkeit

Heft 35:
Prof. Dr. H. Conrad, Bonn
Die mittelalterliche Besiedlung des deutschen Ostens und das deutsche Recht

Heft 36:
Prof.Dr. H. Sckommodau, Köln
Die religiösen Dichtungen Margaretes von Navarra

Heft 37:
Prof. Dr. H. von Einem, Bonn
Der Kopf mit der Binde des Meisters von Naumburg

Heft 38:
Prof. Dr. J. Höffner, Münster
Statik und Dynamik in der scholastischen Wirtschaftsethik

Heft 39:
Prof. Dr. F. Schalk, Köln
Diderots Essai über Claudius und Nero

Heft 40:
Prof. Dr. G. Kegel, Köln
Probleme des internationalen Enteignungs- und Währungsrechts

Heft 41:
Prof. Dr. L. Weisgerber, Bonn
Die Grenzen der Schrift

Heft 42:
Prof. Dr. R. Alewyn, Köln
Von der Empfindsamkeit zur Romantik

Heft 43:
Prof. Dr. T. Schieder, Köln
Die Probleme des Rapallo-Vertrages 1922

Heft 44:
Prof. Dr. A. Rumpf, Köln
Stilphasen der spätantiken Kunst

GPSR Compliance

The European Union's (EU) General Product Safety Regulation (GPSR) is a set of rules that requires consumer products to be safe and our obligations to ensure this.

If you have any concerns about our products, you can contact us on ProductSafety@springernature.com

In case Publisher is established outside the EU, the EU authorized representative is:

Springer Nature Customer Service Center GmbH
Europaplatz 3
69115 Heidelberg, Germany

Batch number: 10585057

Printed by Printforce, the Netherlands